职业教育"十二五"规划教材

无 损 检 测

魏同锋　主　编
万荣春　副主编
高海良　主　审

U0205661

化学工业出版社

·北京·

本书旨在突出职业教育的特点，以工作过程为导向，采用项目化形式编写，紧密围绕高素质技能型人才的培养目标，结合职业技能鉴定标准，融入理论和技能知识要求；教材内容注重理论实践相结合，以实现教学做一体化教学，同时注重学习能力培养与可持续发展。

本书共设计了四个模块。主要内容包括射线检测、超声波检测、磁粉检测、渗透检测；各个模块相对独立，每个模块又包含多个项目，每个模块后附有若干习题。为方便教学，本书配套电子课件和习题参考答案。

本书可作为高职高专、中职、各类成人教育相关专业教材或培训用书，也可供从事无损检测技术工作的工程技术人员参考。

图书在版编目（CIP）数据

无损检测/魏同锋主编. —北京：化学工业出版社，2015.3（2022.2重印）

职业教育"十二五"规划教材

ISBN 978-7-122-23137-6

Ⅰ.①无⋯　Ⅱ.①魏⋯　Ⅲ.①无损检验-高等职业教育-教材　Ⅳ.①TG115.28

中国版本图书馆 CIP 数据核字（2015）第 039136 号

责任编辑：韩庆利	文字编辑：张燕文
责任校对：王素芹	装帧设计：孙远博

出版发行：化学工业出版社（北京市东城区青年湖南街 13 号　邮政编码 100011）

印　　装：北京印刷集团有限责任公司

787mm×1092mm　1/16　印张 10　字数 262 千字　2022 年 2 月北京第 1 版第 2 次印刷

购书咨询：010-64518888　　　　　售后服务：010-64518899

网　　址：http://www.cip.com.cn

凡购买本书，如有缺损质量问题，本社销售中心负责调换。

定　　价：24.00 元　　　　　　　　　版权所有　违者必究

前　言

本书紧密结合职业教育的办学特点和教学目标，强调实践性、应用性和创新性，内容安排上主要考虑以下几点。

1. 以工作过程为主线，确定课程结构

通过对工作过程的全面了解和分析，按照工作过程的实际需要设计、组织和实施课程，突出了工作过程在课程中的主线地位，尽早地让学生进行工作实践，为学生提供了体验完整工作过程的学习机会，逐步实现从学习者到工作者的角色转换。

2. 以工作任务为引领，确定课程的设置

课程内容的设置与工作任务密切联系，以工作任务来整合理论与实践，从岗位需求出发，构建任务，以典型产品为载体设计训练项目，从而增强学生适应企业的实际工作环境和完成工作任务的能力。

3. 以能力为基础，确定课程内容

以能力体系为基础取代以知识体系为基础确定本课程的内容，围绕掌握能力来组织相应的知识、技能，设计相应的实践活动。同时，突出无损检测技术专业领域的知识、工艺和方法，注重在情境中实践智慧的养成，培养学生在复杂的工作关系中作出判断并采取行动的综合能力。

4. 教学内容以取得职业资格证书为最基本条件，并与实际工作保持一致

依据工作任务完成的需要和职业能力形成的规律，按照"学历证书与职业资格证书嵌入式"的设计要求确定课程的知识、技能等内容。

本书在编写过程中，除了参考了国内外的相关专著、教材、手册和文献外，还参考了其他行业的培训教材，并将编者在多年无损检测工作中积累的经验和在教学中的一些体会编入其中，使理论与实践有机地结合为一体。

本书由魏同锋主编，万荣春任副主编，具体编写分工如下：绪论、模块一、模块三由魏同锋编写，模块二由路宝学编写，模块四由万荣春编写，全书由渤海船舶重工集团的工程师高海良任主审。

本书配套电子课件和习题参考答案，可赠送给用书的院校和老师，如果需要，可登陆www.cipedu.com.cn下载。

限于编者水平，书中难免存在不足之处，敬请广大读者批评指正。

编　者

目　　录

绪　　论

一、无损检测的定义与分类

无损检测是在不损伤被检对象的条件下，利用材料内部结构异常或缺陷存在引起的对声、光、电、磁等反应的变化，来检测各种工程材料、零部件、结构件等内部和表面的缺陷，并对缺陷的类型、性质、数量、形状、位置、尺寸、分布及其变化作出判断和评价。

无损检测发展到现在已有许多种方法，如目视检测、渗漏检测、射线检测、超声波检测、磁粉检测、渗透检测、涡流检测、声发射检测、激光检测等。以上方法中除目视检测外都需要一定的检测设备、工具或器材。

二、无损检测的目的

1. 保证产品质量

应用无损检测技术，可以检测到肉眼无法看见的试件内部的缺陷；在对试件表面质量进行检测时，通过无损检测的方法可以检测出许多肉眼很难看见的细小缺陷。应用无损检测的另一个优点是可以百分之百检测。众所周知，采用破坏性检测，在检测完成的同时，试件也被破坏了，因此破坏性检测只能用于抽样检测。与破坏性检测不同，无损检测不需要损坏试件就能完成检测过程，因此无损检测能够对产品进行百分之百或逐件检测，许多重要的材料、结构或产品，都必须保证万无一失，只有采用无损检测手段，才能为质量提供有效保证。

2. 保障使用安全

即使是设计和制造质量都符合规范要求的产品，在经过一段时间的使用后，也有可能发生破坏事故。这是由于苛刻的运行条件使设备状态发生变化，例如由于高温和应力的作用导致材料蠕变；由于温度、压力的波动产生交变应力，使设备的应力集中产生疲劳；由于腐蚀作用使壁厚减薄或材料劣化等。上述因素有可能使设备、构件、零部件中原来存在的、制造允许的小缺陷扩展开裂，使设备、构件、零部件原来没有缺陷的地方产生这样或那样的新缺陷，最终导致设备、构件、零部件失效。为了保障使用安全，对重要的设备、构件、零部件，必须定期进行检测，及时发现缺陷，避免事故发生，无损检测就是这些重要设备、构件、零部件定期检测的主要内容和发现缺陷的最有效手段。

3. 改进工艺

在产品生产中，为了了解制造工艺是否适宜，必须先进行工艺试验。在工艺试验中，经常对试样进行无损检测，并根据无损检测结果改进工艺，最终确定理想的制造工艺。例如，为了确定焊接工艺规范，在焊接试验时对焊接试样进行射线照相，随后根据检测结果修正焊接参数，最终得到能够达到质量要求的焊接工艺。又如，在进行铸造工艺设计时，通过射线照相检测试件的缺陷发生情况，并据此改进冒口的位置，最终确定合适的铸造工艺。

4. 降低成本

在产品制造过程中进行无损检测，往往被认为要增加检测费用，从而使制造成本增加。可是如果在制造过程中间的适当环节正确地进行无损检测，就可防止以后工序浪费，减少返工，减少废品率，从而降低成本。例如，对铸件进行机械加工，有时不允许在机械加工后的表面上出现夹渣、气孔、裂纹等缺陷，选择在机械加工前对要进行加工的部位进行无损检测，对发现缺陷的产品就不再加工，从而降低废品率，节省机械加工成本。

三、无损检测的应用特点

1. 无损检测要和破坏性检测相配合

无损检测最大的特点就是不损伤材料、工件和结构的前提下进行检测，所以实施无损检测后，产品的检查率可以达到100%。但是，并不是所有需要测试的项目和指标都能进行无损检测，无损检测技术自身还有局限性。某些试验只能采用破坏性检测，因此，在目前无损检测还不能完全代替破坏性检测，也就是说，对一个工件、材料、机械设备的评价，必须把无损检测的结果与破坏性检测的结果互相对比和配合，才能作出准确的评定。

2. 正确选用实施无损检测的时机

在无损检测时，必须根据无损检测的目的，正确选择无损检测的时机。例如，锻件的超声波检测，一般安排在锻造完成且进行粗加工后，打孔、铣槽、精磨等最终加工前，因为此时扫查面较平整，耦合较好，有可能干扰检测的孔、槽、台还未加工，发现质量问题处理也较容易，损失也较小。只有正确地选用实施无损检测的时机，才能顺利地完成检测，正确地评价产品质量。

3. 正确选用适当的无损检测方法

无损检测在应用中，由于检测方法本身有局限性，不能适用于所有工件和所有缺陷，为提高检测结果的可靠性，必须在检测前，根据被检物的材质、结构、形状、尺寸，预计可能产生什么种类、什么形状的缺陷，在什么部位、什么方向产生，根据以上种种情况分析，然后根据无损检测方法各自的特点选择最合适的检测方法。例如，钢板的分层缺陷因其延伸方向与板平行，就不适合用射线检测而应选择超声波检测；检查工件表面细小的裂纹不应选择射线检测和超声波检测，而应选择磁粉检测和渗透检测。此外，选用无损检测的方法和时机还应充分认识到，检测的目的不是片面地追求过高要求的产品"高质量"，而是在保证充分安全性的同时，保证产品的经济性。只有这样，无损检测方法的选择和应用才会是正确的、合理的。

4. 综合应用各种无损检测方法

在无损检测应用中，必须认识到任何一种无损检测方法都不是万能的，每种无损检测方法都有它的优点，也有它的缺点。因此，在无损检测的应用中，如果可能，不要只采用一种无损检测方法，而应尽可能多地同时采用几种方法，以便保证各种检测方法互相取长补短，从而取得更多地信息。另外，还应利用无损检测以外的其他检测所得的信息。利用有关材料、焊接、加工工艺的知识和产品结构的知识，综合起来进行判断。例如，超声波对裂纹缺陷检测灵敏度高，但定性不准是其不足之处，而射线的优点之一是对缺陷定性比较准确，两者配合使用，就能够保证检测结果既可靠又准确。

综上所述，从提高无损检测结果的可靠性考虑，应把无损检测的各种方法视为一个完整的体系，发挥不同方法的特点，尽可能获得各种有用的信息，以作出正确的判断。即使是一种检测方法，也应将其视为一个完整的系统，这样才能真正地实现无损检测的目的，保证产品质量，降低生产成本。

四、无损检测人员

1. 无损检测人员的责任

应用无损检测最重要的目的是为了预防材料和结构件等在使用中由于损坏而影响到人身安全的重大事故。无损检测人员必须充分认识到所担负的工作的责任重大，必须经常钻研技术，在自己的职责范围内，正确使用所确定的无损检测方法，正确地查清缺陷，正确地判断检测结果。必须以测得的检测结果为基础，按照有关应用标准和有关项目的工程知识，既不过严也不过宽，做到正确地评定和判断。

2. 无损检测人员的资格等级及持证上岗

无损检测人员的责任重大，要求无损检测人员要有一定的技术水平才能从事这项工作。世界各国都实行无损检测技术人员的资格鉴定制度，以使无损检测的技术水平稳定上升，检测结果的可靠性不断提高。

模块一　射线检测

射线检测是常规无损检测技术之一。它依据被检工件由于成分、密度、厚度等的不同，对射线（即电磁辐射或粒子辐射）产生不同的吸收或散射的特性，对被检工件的质量、尺寸、特性等作出判断。可以检查金属和非金属材料及其制品的内部缺陷。目前广泛应用于机械、化工、兵器、造船、电子、航空、航天等工业领域，其中应用最广泛的是对铸件和焊件的检测。对于工业应用，射线检测技术已经形成了完整的方法系统，一般可划分为四类：射线照相检测技术、射线实时成像检测技术、射线层析检测技术和其他射线检测技术四类。本模块主要介绍的是射线照相检测技术，它是用 X 射线或 γ 射线穿透试件，以胶片作为记录信息载体的无损检测方法，该方法是最基本、应用最广泛的无损检测方法之一。

项目一　射线检测基础知识

学习目标
- 了解射线的产生、种类和性质。
- 熟悉射线的衰减规律。
- 掌握射线检测的基本原理及特点。

一、射线的种类及性质

通常所说的射线可以分为两类，一类是电磁辐射，另一类是粒子辐射。X 射线和 γ 射线与无线电波、红外线、可见光、紫外线等属于同一范畴，都是电磁辐射；粒子辐射是指各种粒子射线，如 α 粒子、β 粒子、质子、电子、中子等的射线。

在射线检测中应用的射线主要是 X 射线、γ 射线，其区别只是波长和产生方法不同。X 射线和 γ 射线都是波长很短的电磁波，X 射线的波长为 $0.001 \sim 0.1 \mathrm{nm}$，γ 射线的波长为 $0.0003 \sim 0.1 \mathrm{nm}$。

X 射线和 γ 射线具有以下性质。

① 在真空中以光速直线传播。

② 本身不带电，不受电场和磁场的影响。

③ 在物质界面只能发生漫反射，折射系数接近于 1，折射方向改变得不明显。

④ 仅在晶体光栅中才产生干涉和衍射现象。

⑤ 不可见，能够穿透可见光不能穿透的物质。

⑥ 在穿透物体过程中，会与某些物质发生复杂的物理和化学作用，例如电离作用、荧光作用、热作用和光化学作用等。

⑦ 具有辐射生物效应，能够杀伤生物细胞，破坏生物组织等。

二、X 射线和 γ 射线的产生

1. X 射线的产生

现在应用的 X 射线是在 X 射线管中产生的，如图 1-1 所示。射线管是一个具有阴、阳两极的真空管，阴极是钨丝，阳极是金属制成的靶。在阴、阳两极之间加有很高的直流电压（管电压），当阴极加热到白炽状态时释放出大量电子，这些电子在高压电场中被加速，从阴极飞向阳极（管电流），最终以很大速度撞击在金属靶上，失去所具有的动能，这些动能绝大部分转换为热能，仅有极少一部分转换为 X 射线向四周辐射。

需要说明的是，X 射线管产生的主要是波长连续变化的 X 射线，其最短波长与外加管电压有关。在实际检测中，以最大强度波长为中心的邻近波段的射线起主要作用。

管电压是 X 射线管承载的最大峰值电压，其单位为 kV。管电压是 X 射线管的重要技术指标，管电压越高，发射 X 射线的波长越短，具有的能量越大，穿透能力就越强。X 射线能量取决于管电压，管电压是可调的，所以 X 射线的能量是可控的。

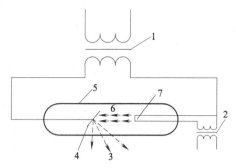

图 1-1　X 射线产生装置示意图

1—高压变压器；2—灯丝变压器；3—X 射线；
4—阳极；5—X 射线管；6—电子；7—阴极

2. γ 射线的产生

γ 射线是放射性同位素的原子核在自然裂变（衰变）时放射出来的电磁波。放射性同位素有天然的，也有人造的。射线检测中采用的 γ 射线主要来自钴 60（Co60）、铯 137（Cs137）、铱 192（Ir192）、铥 170（Tm170）等放射性同位素源。

对于一个 γ 射线放射性源，描述其放射性的是放射性活度。放射性活度定义为放射性源在单位时间内（通常是 1s）发生衰变的核的个数，单位名称是贝可（勒尔），单位符号是 Bq。1Bq 表示 1s 的时间内发生一个核的衰变，即

$$1Bq = 1/s$$

放射性衰变的专用单位符号是 Ci，其单位名称为居里：

$$1Ci = 3.7 \times 10^{10} Bq$$

应注意的是，活度不等于射线强度。对于同一放射性元素，活度大的源其射线强度也大，但对不同的放射性元素，不一定存在这样的关系。

三、射线在物质中的衰减

1. 射线与物质的相互作用

当 X 射线、γ 射线射入物体后，将与物质发生复杂的相互作用。这些作用从本质上说是光量子与物质原子的相互作用，包括光量子与原子、原子核、原子的电子及自由电子的相互作用。主要的作用是光电效应、康普顿散射、电子对效应和瑞利散射。

（1）光电效应　当光子与物质原子的内层束缚电子作用时，光子与原子中的轨道电子发生弹性碰撞，光子的全部能量传递给轨道电子，使这个电子脱离轨道发射出去，而光子本身消失，这一现象称为光电效应。光电效应发射出的电子称为光电子。该过程如图 1-2 所示。

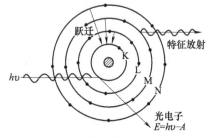

图 1-2　光电效应示意图

由于光电效应中在原子的电子轨道上将产生空位，这些空位将被外层轨道电子填充，所以将产生跃迁辐射，发射特征 X 射线。这种辐射通常称为荧光辐射。伴随发射特征 X 射线（荧光辐射）是光电效应的重要特征。

（2）康普顿散射　光子与物质原子核的外层电子或自由电子发生非弹性碰撞时，光子自身能量减少，波长变长，改变运动方向成为散射光子；电子获得光

子一部分能量成为反冲电子,这一过程称为康普顿效应。如图1-3所示,θ为散射光子与入射光子方向间的夹角,称为散射角,φ为反冲电子的反冲角。

康普顿效应只作用于原子核外束缚较小的外层电子或自由电子。入射光子的能量在反冲电子和散射光子之间进行分配,散射角越大,散射光子的能量越小,当散射角为180°时,散射光子的能量最小。

(3)电子对效应 高能量的光子与物质的原子核发生相互作用时,光子可以转化为一对正、负电子,这就是电子对效应,如图1-4所示。在电子对效应中,入射光子消失,产生的正、负电子对在不同方向飞出,其方向与入射光子的能量相关。

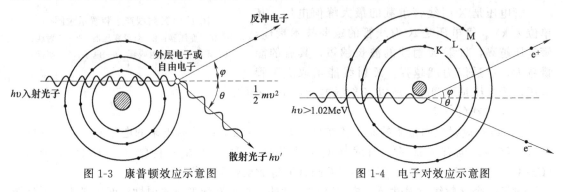

图1-3 康普顿效应示意图　　　　　　图1-4 电子对效应示意图

电子对效应只能发生在入射光子的能量大于1.02MeV时,这是因为电子的静止质量相当于0.51MeV能量,一对电子的静止质量相当于1.02MeV的能量,根据能量守恒定律,显然,只有入射光量子的能量大于1.02MeV时才可能转化为一对正、负电子,多余的能量将转换为电子的动能。

(4)瑞利散射 是入射光子和束缚较牢固的内层轨道电子发生的弹性散射过程(也称电子的共振散射)。在此过程中,一个束缚电子吸收入射光子而跃迁到高能级,随即又放出一个能量约等于入射光子能量的散射光子,由于束缚电子未脱离原子,故反冲体是整个原子,从而光子的能量损失可忽略不计。

2.射线在物质中的衰减规律

在X射线或γ射线与物质的相互作用中,入射光子的能量一部分转移到能量或方向改变了的光子那里,一部分转移到与之相互作用的电子或产生的电子那里,转移到电子的能量主要损失在物体之中。前面的过程称为散射,后面的过程称为吸收。也就是说,入射到物体的射线,一部分能量被吸收、一部分能量被散射。这样,导致从物体透射的射线强度低于入射的射线强度,称为射线强度发生了衰减。

在讨论射线衰减规律时必须建立的概念是单色射线、连续谱射线、窄束射线和宽束射线。

单色射线是指波长(能量)单一的射线,连续谱射线是含有连续的一段波长的射线。

当射线穿过一定厚度的物体后,透射射线中将包括下列射线:

一次射线——从射线源沿直线穿过物体透射的射线。

散射线——相互作用中产生的能量或方向不同于一次射线的射线,也常称为二次射线。

电子——相互作用中产生的电子,如光电子、反冲电子等。

在讨论射线衰减规律时,如果只考虑一次射线,则称为窄束射线,如果同时考虑散射线,则称为宽束射线。简单地说,宽束射线和窄束射线就是是否考虑散射线。

射线穿透物体时其强度的衰减与吸收体的性质、厚度及射线光子的能量相关。对单色窄束射线，试验表明，在厚度非常小的均匀媒质中，射线穿过物体时的衰减程度以指数规律相关于所穿透的物体厚度。按照图 1-5 所示的符号，射线衰减的基本规律可写为

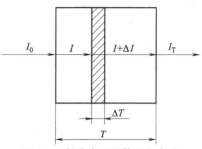

图 1-5　射线穿透物体时的衰减

$$I = I_0 e^{-\mu T} \qquad (1\text{-}1)$$

式中　I——透射射线强度；

　　　I_0——入射射线强度；

　　　T——透过物质的厚度，cm；

　　　μ——线衰减系数，cm^{-1}。

由式（1-1）可见，随着厚度的增加透射射线强度将迅速减弱。当然，衰减的程度也相关于射线本身的能量，这体现在公式中的线衰减系数。

线衰减系数表示的是入射光子在物体中穿行单位距离时（例如 1cm），平均发生各种相互作用的可能性。在实际应用中，常引入半值层厚度（半厚度）描述吸收体对一定能量射线的衰减。半值层厚度是指使射线的强度减弱为入射射线强度值的 1/2 的物体厚度，也常记为 $T_{1/2}$，容易得到

$$T_{1/2} = 0.693/\mu \qquad (1\text{-}2)$$

可见，同一吸收体对不同能量的射线，其半值层厚度值不同；不同吸收体对同一能量射线，其半值层厚度值也不同。利用这个关系对 I、μ、T 常可进行简单计算。

在实际射线检测中经常遇到的是宽束连续谱射线情况，这时一般是对连续谱引入一个等效波长，对应等效波长引入等效线衰减系数，采用这个等效波长对连续谱射线的衰减规律进行近似分析。对宽束引入散射比 n，即散射线强度与一次透射线强度之比，则宽束连续谱射线的衰减规律为

$$I = (1+n)I_0 e^{-\mu T} \qquad (1\text{-}3)$$

四、射线检测的原理与特点

1. 射线检测的原理

射线穿透物体过程中与物质相互作用而强度减弱，其衰减程度取决于物质的线衰减系数和射线穿透物质的厚度。工件中存在缺陷时，缺陷使工件厚度产生变化，且构成缺陷的物质的线衰减系数不同于工件，所以透过工件缺陷部位和完好部位的射线强度就产生了差异。若将胶片放在工件后面使胶片感光，透过缺陷部位和完好部位的射线强度不同，因而使胶片的感光程度不同，胶片经处理后，缺陷部位和完好部位就产生了黑度不同的影像，依据黑度的变化就可以对工件中的缺陷进行判断。这就是射线照相法的基本原理。

2. 射线检测的特点

① 射线照相法在锅炉、压力容器的制造检测和在役检测中得到广泛的应用，它的检测对象是各种熔化焊对接接头，也适用于检测铸钢件，特殊情况下也可用于检测角接接头或其他一些特殊结构件。它不适用于钢板、钢管、锻件的检测，也较少用于钎焊等焊接接头的检测。

② 射线照相法用底片作为记录介质，可以直接得到缺陷的图像，且可以长期保存。通过观察底片能够比较准确地判断出缺陷的性质、数量、尺寸和位置。射线照相法易检出那些形成局部厚度差的体积型缺陷，如对气孔和夹渣之类缺陷有很高的检出率，而裂纹类面积型缺陷的检出率则受透照角度的影响。它不能检出垂直照射方向的薄层缺陷，例如钢板的分层。

③ 射线照相法所能检出的缺陷高度尺寸与透照厚度有关，可以达到透照厚度的 1%，甚

至更小。所能检出的最小长度和宽度尺寸分别为毫米数量级和亚毫米数量级，甚至更小。

④ 射线照相法适用于几乎所有材料，在钢、钛、铜、铝等金属材料的焊接接头或铸件上使用均能得到良好的效果，该方法对试件的形状、表面粗糙度有较严格要求，但材料晶粒度对其不产生影响。

⑤ 射线照相法检测成本较高，检测速度较慢。射线对人体有伤害，需要采取防护措施。

项目二　射线检测的设备与器材

学习目标

- 熟悉 X 射线机和 γ 射线机的分类、构造和操作步骤。
- 了解射线检测的器材，学会常用器材的使用和保管。

一、X 射线机

1. X 射线机的分类

工业 X 射线机按照其外形结构、用途、工作频率等可分为以下几种。

（1）按结构划分

① 携带式 X 射线机　这是一种体积小、重量轻、便于携带、适用于高空野外作业的 X 射线机，如图 1-6 所示。

② 移动式 X 射线机　这是一种体积和重量都比较大，安装在移动小车上，用于固定或半固定场合使用的 X 射线机，如图 1-7 所示。

图 1-6　携带式 X 射线机

图 1-7　移动式 X 射线机

（2）按用途划分

① 定向 X 射线机　这是一种普及型、使用最多的 X 射线机，其机头产生的 X 射线辐射方向为 40°左右的圆锥角，一般用于定向拍片，如图 1-8 所示。

② 周向 X 射线机　这种 X 射线机产生的 X 射线向 360°范围辐射，主要用于大口径管道和容器环向焊接接头拍片，如图 1-9 所示。

③ 管道爬行器　这是为了解决很长的管道环向焊接接头拍片而设计生产的一种装在爬行装置上的 X 射线机。该机在管道内爬行时，用蓄电池提供电力和传输控制信号，利用焊接接头外放置的一个指令源确定位置，使 X 射线机在管道内爬行到预定位置进行曝光，辐射角大多为 360°方向，如图 1-10 所示。

（3）按频率划分　按供给 X 射线管高压部分交流电的频率划分，可分为工频（50～60Hz）X 射线机和变频（300～800Hz）X 射线机，以及恒频（约 200Hz）X 射线机。在同

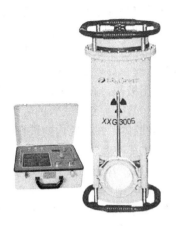

图 1-8　定向 X 射线机

图 1-9　周向 X 射线机

样电流、电压条件下，恒频机穿透能力最强，功耗最小，效率最高，变频机次之，工频机较差。

2. X 射线机的结构

工业射线照相检测中使用的低能 X 射线机，简单地说由四部分组成：射线发生器（X 射线管）、高压发生器、冷却系统、控制系统。

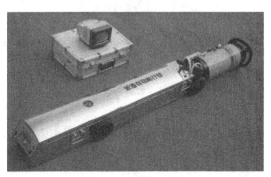

图 1-10　管道爬行器

（1）X 射线管　X 射线机的核心器件是 X 射线管，普通 X 射线管的基本结构如图 1-11所示。它主要由阳极、阴极和管壳构成。

① 阳极　是产生 X 射线的部位。主要由阳极体、阳极靶和阳极罩组成。阳极的基本结构如图 1-12 所示。

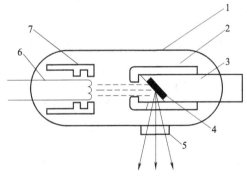

图 1-11　X 射线管结构示意图
1—玻璃外壳；2—阳极罩；3—阳极体；4—阳极靶；
5—窗口；6—阴极灯丝；7—阴极罩

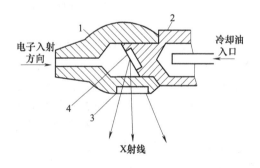

图 1-12　阳极的基本结构示意图
1—阳极罩；2—阳极体；3—放射窗口；4—阳极靶

阳极体为具有高热传导性的金属电极，典型的阳极体由无氧铜制作。其作用是支承阳极靶，并将阳极靶上产生的热量传送出去，避免靶面烧毁。

阳极靶的作用是承受高速电子的撞击，产生 X 射线。阳极靶紧密镶嵌在阳极体上，与阳极体具有良好的接触。由于工作时阳极靶直接承受高速电子的撞击，电子大部分动能在它上面转换为热，因此阳极靶必须耐高温。此外，阳极靶应具有高原子序数，才能具有较高的 X 射线转换效率。对工业射线照相检测用的 X 射线管，其阳极靶采用钨制作。

② 阴极　是 X 射线管中发射电子的部位，它由灯丝和一定形状的金属电极——聚焦杯（阴极头）构成。灯丝由钨丝绕成一定形状，聚焦杯包围着灯丝。灯丝在灯丝电流加热下可发射热电子，这些电子在 X 射线管的管电压作用下，高速飞向阳极靶，在阳极靶产生 X 射线。

③ 管壳　X 射线管的管壳封出一个高真空腔体，并在腔内封装阳极和阴极。管内的真空度应达到 $1.33 \times (10^{-3} \sim 10^{-5})$ Pa。管壳必须具有足够高的机械强度和电绝缘强度。工业射线检测常用的 X 射线管的管壳主要采用玻璃与金属或陶瓷与金属制作。采用玻璃与金属制作管壳的 X 射线管称为玻璃 X 射线管。采用陶瓷与金属制作管壳的 X 射线管分为两类，一类是金属陶瓷 X 射线管，另一类是波纹陶瓷 X 射线管。图 1-13 是金属陶瓷 X 射线管。金属陶瓷 X 射线管以不锈钢管代替玻璃管壳，用陶瓷材料绝缘，与玻璃管壳的 X 射线管比较，它的主要特点是结构牢固、寿命长，现在已经是 X 射线管的重要类型。

金属外壳——可减少偏焦点的散射及可吸收由于灯丝及靶面汽化成的粒子

突破性消气装置——令机电性能更稳定，从而延长球管寿命

专利的轴承设计——延长轴承的寿命并令球管旋转时更安静

革新性的聚焦杯套——产生稳定的图像质量

独家转子设计——能进一步减少阳极靶面的摇晃，从而改善图像质量

图 1-13　金属陶瓷 X 射线管

（2）高压发生器　由高压变压器、高压整流管、灯丝变压器和高压整流电路组成，它们共同装在一个机壳中，里面充满了耐高压的绝缘介质。高压发生器提供 X 射线管的加速电压——阳极与阴极之间的电位差和 X 射线管的灯丝电压。高压发生器所用高压绝缘介质，目前主要是高抗电强度的变压器油。

（3）冷却系统　对常用的低压 X 射线机，X 射线管只能将 1% 左右的电子能量转换为 X 射线，绝大部分的能量在阳极靶上转换为热量，加热阳极靶和阳极体。因此，为了使 X 射线管能正常工作，X 射线机必须有良好的冷却系统，否则，阳极靶将被高热损坏。

X 射线机采用的冷却方式可粗略地分为三种。

① 油循环冷却　这种方式采用油循环系统，冷却油从油箱泵进入射线发生器（X 射线管的阳极端），从射线发生器的另一端（X 射线管的阴极端）离开，带走热量，返回油箱。为了增强冷却效果，常又采用流动水冷却循环油。这种方式主要应用于固定式 X 射线机。

② 水循环冷却　这种方式采用循环水直接进入射线发生器中 X 射线管的阳极空腔，水流出时带走热量。这种冷却方式只能用于阳极接地的情况，主要应用于移动式 X 射线机。也应用于油绝缘的便携式 X 射线机。

③ 辐射散热冷却　这种方式主要应用于便携式 X 射线机。对气绝缘的便携式 X 射线机，这种方式是在射线发生器的阳极端装上散热器，一般还装备风扇。通过散热器辐射和射线发生器外壳散热冷却。对油绝缘的便携式 X 射线机，这种方式是依靠射线发生器内部的温差和搅拌油泵使油产生流动带走热量，通过机壳把热量散出。

（4）控制系统　X 射线机的控制主要包括基本电路、电压和电流调整部分、冷却和时间等的控制部分、保护装置等。

控制系统是指 X 射线管外部工作条件的总控制部分，主要包括管电压的调节、管电流的调节以及各种操作指示。X 射线机的操作指示部分包括控制箱上的电源开关，高压通断开关、电压、电流调节旋钮，电流、电压指示表头，计时器，各种指示等。

X射线机的保护系统主要包括每一个独立电路的短路过流保护、X射线管阳极冷却的保护、X射线管的过载保护（过流或过压）、零位保护、接地保护和其他保护。

3. X射线检测曝光操作程序

① 将电源线、电缆线插头分别和控制箱、机头、高压发生器及冷却系统等牢固连接，保证接触良好。

② 检查所使用的电源电压是否为220V，并观察其稳定性，如波动较大，波动范围超过±10%额定电压时，需加设一个调压器或稳压电源。

③ 将控制箱上的接地线与外接接地插头连接好，保证可靠接地。

④ 认真训机，保证X射线管良好的使用状态，以便延长射线机的使用寿命。

⑤ 按要求划线、贴片、调整管电压和曝光时间，准备曝光。

⑥ 按下高压通开关，高压显示灯和毫安指示灯同时闪亮，开始曝光。曝光时计时器显示倒计时，当计时器显示为零时，曝光结束。蜂鸣器响起，红灯熄灭，高压自动切断。

⑦ 一次曝光时间超过设备最大预置时间5min时，需休息5min后，调整计时器为剩余曝光时间，按下高压通开关继续曝光。

4. X射线机的维护

① X射线机应摆放在通风干燥处，切忌置于潮湿、高温及腐蚀性环境中，以免降低绝缘性能。

② 运输、搬动时要轻拿轻放，并采取防振措施。避免因剧烈振动造成接头松动、高压包移位、X射线管破损等故障。

③ 保持机器表面清洁，经常擦拭机器，防止尘土、污物造成短路和接触不良。

④ 保持电缆头接触良好，如因使用时间过长，导致磨损松动，接触不良，应及时更换。经常检查机头是否漏油、漏气。如窗口有气泡产生即证明机头漏油；若压力表指示低于0.34MPa，则机头可能漏气。发生上述情况应及时补充油、气，确保绝缘性能良好。

二、γ射线机

1. γ射线机的类型

按使用方式可分为便携式、移动式（能用适当专用设备移动）、固定式（固定安装或只能在特定工作区作有限移动）及管道爬行器。

工业γ射线检测主要使用便携式Ir192γ射线检测机、Se75γ射线检测机和移动式Co60γ射线检测机；Tm170γ射线检测机及Yb169γ射线检测机在轻金属及薄壁工件的检测中具有优势；管道爬行器则专用于管道的对接接头检测。

2. γ射线检测设备的结构

γ射线检测设备大体可分为五个部分：源组件、检测机机体、驱动机构、输源管和附件。

（1）源组件　由放射源物质、包壳和源辫子组成。放射源物质装入源包壳内，包壳采用内外两层，里层是铝包壳，外层是不锈钢包壳，并通过等离子焊封口。源包壳与源辫子连接多采用冲压方式，可以承受很大的拉力。

（2）检测机机体　γ射线机机体主要部分是屏蔽容器，其内部通道设计有S形弯通道和直通道两种。

S形通道设计即屏蔽材料内通道形状为S形，其机体结构如图1-14所示。这种装置是基于辐射是以源为始点以直线向外传播的原理设计的。因为屏蔽体是S形，使射线不能按直线路径从屏蔽体中透射出来，从而达到防护的目的。

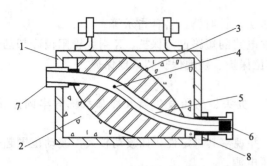

图 1-14　S形通道 γ 射线机源容器的基本结构示意图
1—外壳；2—聚氨酯填料；3—贫化铀屏蔽层；
4—γ 源（源组件）；5—源托；6—安全接插器；
7—快速连接器；8—密封盒

直通道机体比 S 形通道机体体积小、重量轻，但由于需要解决屏蔽问题，所以结构更复杂一些。在直通道机体中，射线沿通道的泄漏是靠钨制屏蔽柱屏蔽的。前屏蔽柱装在机体内的闭锁装置中。后屏蔽柱一般为两节，长 50mm，装在源组件后，与源顶瓣成链式连接。由于链式连接源瓣的柔韧性不如钢索，所以使用直通道 γ 射线检测机时，要求输源管弯曲半径要大，至少不得小于 500mm，而 S 形通道 γ 射线检测机输源管弯曲半径则可小一些。

屏蔽容器一般用贫化铀材料制作而成，比铅屏蔽体的体积和重量减小许多。

γ 射线机机体上设有各种安全联锁装置可防止操作错误。例如，当源不在安全屏蔽中心位置时锁就锁不上，这时需要用驱动器来调节源的位置使其到达屏蔽中心，因此该装置能保证源始终处于最佳屏蔽位置；操作时如果控制缆与源瓣未连接好，装置可保证使操作者无法将源输出，以避免源失落事故的发生。

（3）驱动机构　是一套用来将放射源从机体的屏蔽储存位置驱动到曝光焦点位置，并能将放射源收回到机体内的装置。

γ 射线检测设备及驱动机构工作情况示意图如图 1-15 所示。

该装置一般可分为手动驱动和电动驱动两种。手动驱动器包括控制缆导管、连接机体结构与控制手柄。靠摇动手柄来驱动源在输源管中移动，为正确判断源的输送位置，手柄上一般还装有源指示器以确保源准确到达曝光焦点。

（4）输源管　也称源导管，由一根或多根软管连接一个一头封闭的包塑不锈钢软管制成。其用途是保证源始终在管内移动，其长度根据不同需要可以任意选用，使用时开口的一端接到机体源出口，封闭的一端放在曝光焦点位置。曝光时要求将源输送到输源管的端头，以保证源与曝光焦点重合。

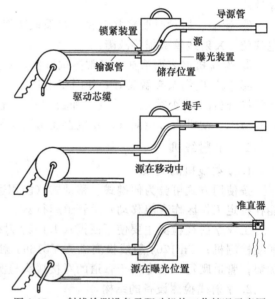

图 1-15　γ 射线检测设备及驱动机构工作情况示意图

（5）附件　为了 γ 射线检测设备的使用安全和操作方便，一般都配有一些设备附件。常用的附件如下。

① 各种专用准直器　用于缩小或限制射线照射场范围，减少散射线，降低操作者所受的照射剂量。

② γ 射线监测仪、个人剂量笔及音响报警器　用于确保操作人员的安全及确认放射源所在位置，防止放射事故的发生。

③ 各种定向架　用于固定输源管的照相头。定位架有多种，都有一定的调节范围并能

固定准直器，从而保证放射源位于曝光焦点中心。

④ 专用曝光计算尺 可以根据胶片感光度、源种类、源龄、工件厚度、源活度及焦距，快速算出最佳黑度所需的曝光时间。

3. γ射线检测曝光操作程序

(1) 操作前的准备工作 操作必须由专职射线检测人员进行。操作前应先检查设备有无明显损伤；驱动机构是否灵活，有无卡死现象；输源管有无明显砸扁或损坏现象；个人及辐射场剂量监测仪表是否正常工作。在确认无误后方可进行送源操作。

要特别注意，安装检测机的场所一定要有γ射线剂量仪随时进行监测，每个操作者必须携带个人音响报警仪，以便掌握所在位置的剂量水平，有效地保护自己。

(2) 主机安装 主机（检测机）安装要安放平稳。如在野外进行检测，必须有防雨和辐射防护措施。

(3) 组装输源管 根据拍片实际情况，确定输源管根数（在满足拍片要求的前提下，采用尽量少的输源管），原则上输源管不得多于三根。

(4) 固定照相头 在照相焦点处，用定位架把输源管的曝光头定位并夹紧（用准直器时则将准直器固定）并使照相头端部与拍片焦点重合。

(5) 铺设输源管 应保证送源操作顺利，同时尽可能考虑有利于人员屏蔽。如果场地宽敞，应使输源管尽量伸直。当输源管不得不弯曲时，弯曲半径应不小于500mm，较小的弯曲半径可能妨碍控制缆的运动甚至造成卡源事故。

(6) 连接输源管 从屏蔽容器上取下源顶辫，将其插入储存源顶辫管内，把输源管接到主机出口接头上。

(7) 确定驱动机构的操作位置（手动操作时） 为了最大限度减少辐射伤害，操作人员应在防护物的后面（或检测控制室内）操作。驱动机构相对于屏蔽容器最好成直线，使控制缆尽量放直。控制缆的弯曲半径不得小于1m，更小的弯曲半径可能防碍控制缆的运动。

(8) 连接控制缆 按下列顺序把控制缆接到屏蔽容器上。

① 将锁打开，把选择环从"锁紧"位置转到"连接"位置，防护盖自动弹出。

② 将控制缆连接套向后滑动，打开控制缆连接器上的卡爪，露出控制缆上的阳接头。

③ 用大拇指尖压下弹簧顶锁销，把阴、阳接头嵌接好，放开锁销，检验是否连接妥当。

④ 收拢卡爪，盖住阴、阳接头部件。

⑤ 向前滑动连接套，套住卡爪，并将连接套上的缺口销插入选择环定位环孔内。

⑥ 保持控制缆连接套紧贴在屏蔽装置上的联锁装置上，把选择环从"连接"位置转到"锁紧"位置。

(9) 计算曝光时间 根据拍片条件，用计算尺或计算器计算出最佳黑度所需曝光时间。

(10) 送出射线源 把选择环转到"工作"位置，迅速转动手摇柄（顺时针方向），源从屏蔽容器进入输源管，直到源送到头为止。

(11) 收回射线源 当达到要求的曝光时间后，沿逆时针方向迅速转动手柄，使源回到储存位置，用γ射线剂量仪确认已回到储存位置。

(12) 锁紧选择环 将选择环由"工作"位置转到"锁紧"位置，用锁锁牢。

4. γ射线机的维护

① γ射线检测设备需设专人保管，并保存在屏蔽良好的专用场地，出入库都应有详细记录。

② 平时工作中，对输源管应特别注意保护，尽可能避免重物砸扁导管。不得在地上拖拽输源管，防止泥沙进入导管内。

③ 每次使用前应认真检查，发现问题，暂停使用，报专门人员处理。不允许自行拆卸，以免造成放射性事故。常见的设备故障有安全锁失灵、机体破碎、阳接头拉断、驱动机构失灵、控制缆导管及输源管被砸扁变形、源外包壳与源座脱开等。γ射线检测机出现故障，一般个人无法维修，需更换零件或通知厂家进行处理。

三、射线检测使用的器材

1. X 射线胶片

（1）射线胶片的结构　如图 1-16 所示，射线胶片与普通胶片除了感光乳剂成分有所不同外，其他的主要不同是射线胶片一般是双面涂布感光乳剂层。这主要是为了能更多地吸收射线的能量。

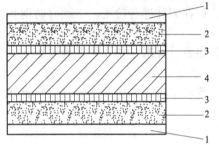

图 1-16　射线胶片的结构
1—保护层；2—乳剂层；3—结合层；4—片基

① 片基为透明塑料，它是感光乳剂层的支持体，厚度约为 0.175～0.30mm。

② 结合层是一层胶质膜，它将感光乳剂层牢固地粘在片基上。

③ 保护层主要是一层极薄的明胶层，厚度约为 1～2μm，它涂在感光乳剂层上，避免感光乳剂层直接与外界接触，产生损坏。

④ 感光乳剂层的主要成分是卤化银感光物质极细颗粒和明胶，此外还有其他一些成分，如增感剂等，感光乳剂层的厚度约为 10～20μm。卤化银主要采用的是溴化银，其颗粒尺寸一般不超过 1μm。明胶可以使卤化银颗粒均匀地悬浮在感光乳剂层中，它具有多孔性，对水有极大的亲和力，使暗室处理药液能均匀地渗透到感光乳剂层中，完成处理。它决定了胶片的感光性能，是胶片的核心部分。

（2）射线感光原理和底片黑度　胶片受到可见光或 X 射线、γ射线的照射时，在感光乳剂层中会产生眼睛看不到的潜在影像，即"潜影"。潜影的产生是银离子接受电子还原成银的过程，用化学方程式表示：

照射前　　　　　　　　$AgBr = Ag^+ + Br^-$

照射后　　　　$Br^- + h\tau \rightarrow Br + e$ ；　　　　$Ag^+ + e = Ag$

潜影形成后，经过暗室处理即可得到带有永久性肉眼可见影像的底片。底片上的影像由许多微小的黑色金属银微粒所组成，影像各部位黑化程度大小与该部位含银量多少有关，含银量多的部位比含银量少的部位难于透光。底片的光学密度就是底片的不透明程度，它表示了金属银使底片变黑的程度，所以光学密度通常简称为黑度。

设入射到底片的光强度为 I_0，透过底片的光强度为 I，记光学密度为 D，则光学密度定义为

$$D = \lg(I_0/I)$$

即光学密度为入射光强度与透射光强度之比的常用对数之值。

曝光量是在曝光期间胶片所接收的光能量，记光（射线）强度为 I，曝光时间为 t，曝光量为 H，则曝光量可定义为

$$H = It$$

在射线照相中通常所说的曝光量（常用 E 表示），与这里的定义不完全相同。例如，对 X 射线采用管电流与曝光时间的积，而对 γ射线则常采用源的放射性活度与曝光时间的积，并没有直接采用射线强度与曝光时间的积。但对于同一管电压下的 X 射线或同一 γ射线源的 γ射线，它们之间存在固定的关系，即仅相差一个常数倍数。

（3）射线胶片的感光特性　胶片的感光特性是指胶片曝光后（经暗室处理）得到的底片黑度（光学密度）与曝光量的关系。主要的感光特性包括感光度（S）、梯度（G）、灰雾度（D_0）及宽容度（L）等，感光特性曲线集中反映了这些感光特性。

① 感光度（S）　也称为感光速度，它表示胶片感光的快慢，通常定义，使底片产生一定黑度所需的曝光量的倒数为感光度。

② 梯度（G）　胶片特性曲线上任一点的切线的斜率称为梯度，通常所说的梯度指的是胶片特性曲线在规定黑度处的斜率。

③ 灰雾度（D_0）　表示胶片即使不经曝光在显影后也能得到的黑度，在胶片感光特性曲线上是曲线起点对应黑度。

④ 宽容度（L）　是与胶片有效黑度范围相对应的曝光范围，在特性曲线上，用与黑度为许用下限值和许用上限值相应的相对曝光量的倍数表示。

⑤ 颗粒度（δ_D）　是指射线底片上叠加在工件影像上的黑度随机涨落，即影像黑度的不均匀程度。

（4）射线胶片的分类　胶片系统是指把胶片、铅增感屏、暗室处理的药品配方和程序（方法）结合在一起作为一个整体，并按这时表现出的感光特性和影像性能进行分类。

胶片系统按下列三个性能指标进行分类。

① 梯度 G　即胶片特性曲线在规定黑度处的斜率。

② 颗粒度 δ_D　射线照片黑度在规定黑度下的随机偏差。

③ 梯度/颗粒度　在规定黑度下的 G/δ_D 值，它直接相关于信噪比。

表 1-1 列出了胶片系统分类的具体指标。应注意的是，这些指标都是在特殊规定的 X 射线管电压、靶材料、增感屏材料和厚度、黑度范围等条件下测定的数据。

表 1-1　胶片系统的主要特性指标

胶片系统类别	感光速度	特性曲线平均梯度	感光乳剂粒度	梯度最小值 G_{min}		颗粒度最大值 δ_{Dmax}	（梯度/颗粒度）最小值$(G/\delta_D)_{min}$
				$D=2.0$	$D=4.0$	$D=2.0$	$D=2.0$
T1	低	高	微粒	4.3	7.4	0.018	270
T2	较低	较低	细粒	4.1	6.8	0.028	150
T3	中	中	中粒	3.8	6.4	0.032	120
T4	高	低	粗粒	3.5	5.0	0.039	100

（5）胶片的保管

① 胶片不可接近氨、硫化氢、煤气、乙炔和酸等有害气体，否则会产生灰雾。

② 裁片时不可把胶片上的衬纸取掉裁切，以防止裁切过程中将胶片划伤。不要多层胶片同时裁切，防止切片刀擦伤胶片。

③ 装片和取片时，胶片与增感屏应避免摩擦，否则会擦伤，显影后底片上会产生黑线。

④ 操作时还应避免胶片曲折，否则会在底片上出现新月形影像的折痕。

⑤ 开封后的胶片和装入暗袋的胶片要尽快使用，如工作量较小，一时不能用完，则要采取干燥措施。

⑥ 胶片宜保存在低温低湿环境中，温度通常以 10～15℃为宜，湿度应保持在 55%～65% 之间。湿度高会使胶片与衬纸或增感屏粘在一起，但空气过于干燥，容易使胶片产生静电感光。

⑦ 胶片应远离热源和射线的影响，在暗室红灯下操作不宜距离过近，暴露时间不宜过长。胶片应竖放，避免受压。

2. 增感屏

（1）增感屏的类型和特点　当射线入射到胶片时，由于射线的穿透能力很强，大部分穿过胶片，胶片仅吸收入射射线很少的能量。为了更多地吸收射线的能量，缩短曝光时间，在射线照相检测中，常使用前、后增感屏贴在胶片两侧，与胶片一起进行射线照相，利用增感屏吸收一部分射线能量，达到缩短曝光时间的目的。

增感屏主要有金属增感屏、荧光增感屏和金属荧光增感屏三种类型。其中以金属增感屏所得底片像质最佳，金属荧光增感屏次之，荧光增感屏最差。但增感系数荧光增感屏最高，金属增感屏最低。

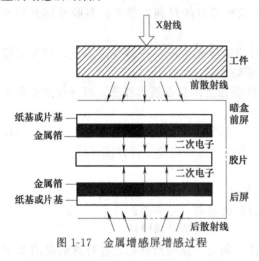

图 1-17　金属增感屏增感过程

工业照相一般使用金属增感屏。金属增感屏是将厚度均匀、平整的金属箔粘在一定的支持物（如纸片、胶片片基等）上构成的。金属箔目前主要是采用铅合金箔。金属增感屏主要与非增感型胶片一起使用。金属增感屏在射线照射下可以发射电子，这些电子被胶片吸收也产生照相作用，从而增加了射线的照相效应，产生增感作用。图 1-17 是金属增感屏增感过程示意图。金属增感屏的另一个重要作用是滤波作用，它能够吸收散射线。一次射线能量较高，能够穿透金属箔并激发金属箔发射电子，实现增感，但工件中产生的散射线能量较低，大部分被金属箔吸收，这将大大降低散射比，提高底片的影像质量。

（2）增感屏的使用　增感屏具有增感作用，但必须注意正确使用。使用时增感屏常分为前屏和后屏。前屏应置于胶片朝向射线源一侧，后屏置于另一侧，胶片夹在两屏之间。前屏应采用适于射线能量的厚度，后屏厚度经常较大，以便同时具有吸收背景产生的散射线的作用。为了操作的方便，实际上经常选用同样厚度的前屏和后屏，而另外在暗袋外面附加一定厚度的铅板屏蔽环境产生的散射线。使用增感屏时主要应注意以下事项。

① 正确选取增感屏的类型和规格。

② 增感物质表面（金属箔、荧光物质）应朝向胶片。

③ 增感物质表面与胶片表面之间应直接接触，不能放置其他物品，如纸张。

④ 射线照相过程中应保证增感屏与胶片紧密接触，但不能过分弯曲和挤压。

⑤ 在向前、后屏之间装入胶片或从它们之间取出胶片时应尽量避免摩擦，以免因摩擦产生荧光或静电，使胶片感光。

⑥ 使用前应检查增感屏表面是否受到污染或损坏，存在这些问题的增感屏不能使用。

3. 像质计

（1）像质计的类型　像质计是检查和定量评价射线底片影像质量的工具。工业射线照相像质计大致有金属丝型、孔型和槽型三种。其中金属丝型应用最广，我国国家标准就采用此种像质计。

金属丝型像质计的结构如图 1-18 所示。它采用与被透照工件材料相同或相近的材料制作的金属丝，按照直径大小的顺序，以规定的间距平行排列，封装在对射线吸收系数很低的透明材料中，或直接安装在一定的框架上，并配备一定的标志说明字母和数字。一般在排列的金属丝的两端还放置金属丝对应的号数，以识别该丝型像质计。丝型像质计主要应用于金属材料。

（2）像质计的摆放　像质计原则上应放于透照场内条件最差的位置上，一是工件靠射线源一侧表面上，二是在透照场的边缘。焊接接头透照时，丝型像质计应放于被检焊接接头射线源一侧，被检区的一端，使金属丝横跨焊接接头并与焊接接头垂直，细丝置于外侧。射线源一侧无法放置像质计时，允许放于胶片一侧，但应通过对比试验，确定胶片侧像质计应达到的像质指数或相对灵敏度值。

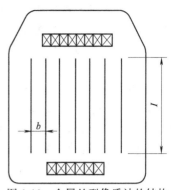

图 1-18　金属丝型像质计的结构

4. 其他设备和器材

为完成射线照相检测，除需要上面叙述的设备和器材外，还需要其他一些设备和器材，下面列出了另外一些常用的小型设备和器材，但这并不是全部的器材，如暗盒、药品等均未在此列出。

（1）观片灯　是识别底片缺陷影像所需的基本设备。对观片灯的主要要求包括三个方面，即光的颜色、光源亮度、照明方式与范围，如图 1-19 所示。

光的颜色一般应为日光色；光源应具有足够的亮度且应可调，其最大亮度应能达到与底片黑度相适应的值。

（2）黑度计（光学密度计）　底片黑度是底片质量的基本指标之一，黑度计是测量底片黑度的设备，如图 1-20 所示。

黑度计使用的一般程序是：接通外电源→复位→校准零点→测量。使用中的黑度计应定期用标准黑度片（密度片）进行校验。

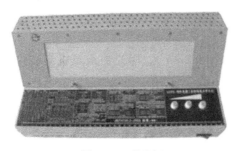

图 1-19　观片灯

图 1-20　黑度计

（3）暗室设备和器材　暗室必需的主要设备和器材是工作台、切刀、胶片处理的槽或盘、上下水系统、安全红灯、（暗室条件下）计时钟等，可能条件下应配置自动洗片机。

（4）标记　在射线照相检测中，为了建立档案和缺陷识别及定位，需要采用标记。

标记主要由识别标记和定位标记组成。标记一般由适当尺寸的铅（或其他适宜的重金属）制数字、拼音字母和符号等构成。

（5）铅板　是射线照相检测中经常需要的器材，主要用于控制散射线。

（6）其他小器件　如卷尺、钢印、照明灯、电筒、各种尺寸的铅遮板、补偿泥、贴片磁钢、透明胶带、各式铅字、盛放铅字的字盘、划线尺、石笔、记号笔等。

项目三　射线透照工艺

学习目标

• 掌握射线检测的透照参数，能正确选择透照参数。

- 熟悉常见的透照方式，能进行一次透照长度的计算。
- 了解曝光曲线的类型，能使用曝光曲线。
- 了解射线防护知识。

任务描述

现有一台储罐，规格为 D_i 1200mm × 1600mm × 10mm，材料 Q345R，筒节长 1600mm，母材厚度 10mm，两端为封头，右侧封头中心有一 D_i450mm×8mm 高颈法兰人孔，短节长 280mm，罐体上有 φ273mm×8mm 高颈法兰接管，左侧封头上有 φ89mm× 8mm 高颈法兰接管，如图 1-21 所示。

本任务的要求是根据 JB/T 4730.2—2005 标准 AB 级要求对环向焊接接头 B1～B4 进行射线检测工艺参数的确定。

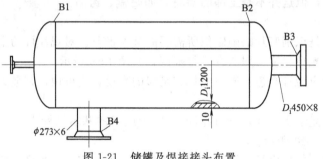

图 1-21　储罐及焊接接头布置

现有设备和器材

① 250EG-S3 定向 X 射线机（焦点尺寸 2mm×2mm），曝光曲线如图 1-22 所示，焦点到窗口的距离为 150mm。

② 200EGB1C 周向 X 射线机（焦点尺寸 1.0mm×3.5mm），曝光曲线及机头结构如图 1-23 所示，焦点到窗口的距离为 150mm。

③ 天津Ⅲ型胶片。

④ 增感屏规格：360mm×80mm 和 240mm×80mm。

⑤ 各种铅字、像质计齐全。

⑥ 辅助器材：中心指示器、卷尺、胶带、石笔、记号笔、橡胶带。

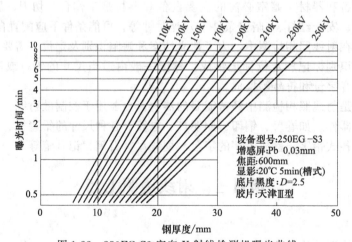

图 1-22　250EG-S3 定向 X 射线检测机曝光曲线

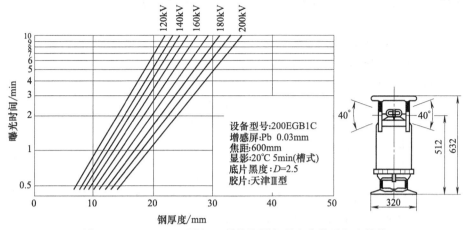

图 1-23　200EGB1C 周向 X 射线检测机曝光曲线及机头结构

相关知识

一、射线透照参数的选择与计算

1. 射线源和能量的选择

射线源和能量的选择首先需要考虑射线源的穿透能力，即保证能穿透被检工件。

X 射线能量取决于射线机的管电压，管电压越高，X 射线穿透能力越强，但射线能量过高会使射线照相灵敏度下降。因此选择 X 射线能量的原则是：在保证穿透能力的前提下，尽量选择能量较低的 X 射线。图 1-24 所示是部分材料的透照厚度选择射线能量时允许使用的最高管电压。

γ 射线的穿透能力取决于射线源种类，不同的射线源穿透能力不同。JB/T 4730.2—2005 规定了 γ 射线源或高能（1MeV 以上）X 射线设备的透照厚度范围（表 1-2）。

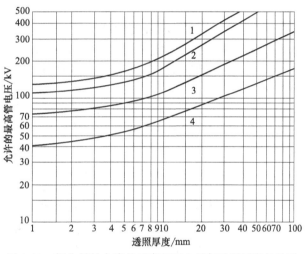

图 1-24　部分材料允许的最高透照电压与透照厚度的关系
1—铜及铜合金；2—钢；3—钛及钛合金；4—铝及铝合金

表 1-2　γ 射线源和能量在 1MeV 以上 X 射线设备的透照厚度范围（钢、不锈钢、镍合金等）

射线源	透照厚度/mm	
	A 级、AB 级	B 级
Se75	≥10～40	≥14～40
Ir192	≥20～100	≥20～90
Co60	≥40～200	≥60～150
X 射线（1～4MeV）	≥30～200	≥50～180
X 射线（＞4～12MeV）	≥50	≥80
X 射线（＞12MeV）	≥80	≥100

对于钢铁和铝合金，在下面确定的透照电压的经验关系式，适于大多数采用中等颗粒的

胶片、焦距为 700mm 左右、曝光量为 20mA·min 左右的检测。

$$V = AT + B \tag{1-4}$$

式中 V——X 射线透照电压，kV；

T——物体的透照厚度，mm；

A、B——系数，其值见表 1-3。

表 1-3 系数 A、B

材料	透照厚度 T/mm			
	A		B	
	$0.5 \leqslant T < 5$	$5 \leqslant T < 50$	$0.5 \leqslant T < 5$	$5 \leqslant T < 50$
钢	10	5	40	80
铝	5	15	20	40

综上所述，选择射线源时一般遵循以下原则。

① 对轻质合金材料、低密度材料以及厚度较小（小于 5mm）的钢材料，常选用 100kV 以下 X 射线。

② 对厚度为 5～50mm 的钢材料，用 100～420kV 的 X 射线可以获得较高的灵敏度；选用 γ 射线源时应根据透照厚度和照相灵敏度的要求，选择 Se75 或 Ir192，还应考虑选配适当的胶片类别。

③ 对厚度为 50～150mm 的钢材料，如果使用的方法正确，用 X 射线、高能 X 射线或 γ 射线几乎可以得到相同的像质计灵敏度，但裂纹检出率还存在差异。

④ 对厚度大于 150mm 的钢材料，即使用 Co60γ 射线源，曝光时间也很长，宜选用兆伏级高能 X 射线。

⑤ 受野外现场透照条件的限制（透照部位空间狭小、无水无电），X 射线机使用不方便和水电可能成为主要问题，需考虑用 γ 射线。

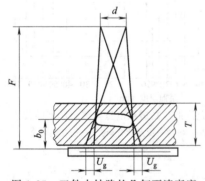

图 1-25 工件中缺陷的几何不清晰度

⑥ 在焦距满足几何不清晰度的前提下，环向焊接接头的透照应尽可能选用锥靶周向 X 射线机，用中心法周向曝光，可以提高效率和影像质量。对直径较小工件的环向焊接接头，可选用小焦点（0.5mm）的棒阳极 X 射线机或小焦点（0.5～1mm）的 γ 射线源作 360°周向曝光。

⑦ 选用平靶周向 X 射线机中心法倾斜全周向曝光时，必须考虑射线束倾斜角对焊接接头内纵向面状缺陷的检出影响。

2. 焦距的选择

如图 1-25 所示，由于 X 射线管焦点或 γ 射线源都有一定尺寸，所以透照工件时，工件中的缺陷在底片上的影像边缘会产生一定宽度的半影，此半影宽度就是几何不清晰度。几何不清晰度 U_g 可用下式计算：

$$U_g = \frac{d b_0}{(F - b_0)} \tag{1-5}$$

式中 d——射线源尺寸，mm；

F——焦距（射线源至胶片的距离），mm；

b_0——缺陷至胶片距离，mm。

几何不清晰度 U_g 是选择焦距大小时主要考虑的因素。焦距 F 等于射线源至工件距离 f

和工件至胶片距离 b 之和。焦距 F 越大，则 U_g 值越小，底片上的影像就越清晰。为保证射线照相的清晰度，JB/T 4730.2—2005 规定了 f 与 d 和 b 应满足表 1-4 的要求。

表 1-4　射线源至工件距离的要求

射线检测技术等级	射线源至工件距离 f	几何不清晰度 U_g
A 级	$f \geqslant 7.5db^{2/3}$	$U_g \leqslant \dfrac{2}{15}b^{1/3}$
AB 级	$f \geqslant 10db^{2/3}$	$U_g \leqslant \dfrac{1}{10}b^{1/3}$
B 级	$f \geqslant 15db^{2/3}$	$U_g \leqslant \dfrac{1}{15}b^{1/3}$

在实际工作中，焦距的最小值可通过 JB/T 4730.2—2005 标准给出的诺模图查出。图 1-26 为 JB/T 4730.2—2005 给出的 AB 级射线检测技术确定 f 的诺模图。诺模图的使用方法如下：在 d 线和 b 线上分别找到有效焦点尺寸 d 和工件至胶片距离 b 对应的点，用直线连接这两个点，直线与 f 相交的交点即为 f 的最小值，焦距最小值 $F_{\min} = f + b$。

例如，按 JB/T 4730.2—2005 采用 AB 级技术射线照相，有效焦点尺寸 $d = 2\text{mm}$，工件至胶片距离 $b = 30\text{mm}$，查图 1-26 中可知 $f = 193\text{mm}$，则最小焦距 $F_{\min} = 193 + 30 = 223\text{mm}$。

实际透照时往往并不采用最小焦距值，所用的焦距比最小焦距要大得多。这是因为射线透照场的大小与焦距相关。焦距越大，匀强透照场范围越大，选用较大的焦距 F 可以得到较大的有效透照长度，较大的焦距也可以进一步提高影像清晰度。

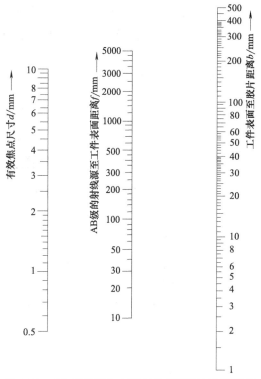

图 1-26　AB 级确定焦点至工件表面距离的诺模图

3. 曝光量的计算

曝光量是指射线源发出的射线强度与照射时间的积。X 射线的曝光量是指管电流 i 与照射时间 t 的积；γ 射线的曝光量是指源的放射性活度 A 和照射时间 t 的积。

曝光量作为射线检测工艺中一项重要参数，对黑度和灵敏度有重要影响。透照时，底片黑度与曝光量有直接的对应关系，因此可以通过控制曝光量来控制底片的黑度。曝光量也影响底片灵敏度，从而影响底片上可记录的最小细节尺寸。

JB/T 4730.2—2005 推荐的曝光量为：X 射线照相，当焦距为 700mm 时，A 级和 AB 射线检测技术不小于 15mA·min；B 级射线检测技术不小于 20mA·min。当焦距改变时可按平方反比定律进行换算。

平方反比定律是物理光学的一条基本定律。它指出：从一点源发出的辐射，射线强度 I 与传播距离 F 的平方成反比，即 I 与 F 存在以下关系：

$$\frac{I_1}{I_2} = \frac{F_2^2}{F_1^2}$$

互易律是光化学反应的一条基本定律，它指出：决定光化学反应产物质量的条件，只与总曝光量相关，即取决于射线强度和时间的乘积，而与这两个因素的单独作用无关。互易律可理解为底片黑度只与总的曝光量相关。

将互易律和平方反比定律结合起来，可以得到曝光因子的表达式：

X 射线

$$M_X = \frac{it}{F^2} = \frac{i_1 t_1}{F_1^2} = \frac{i_2 t_2}{F_2^2} = \cdots = \frac{i_n t_n}{F_n^2}$$

γ 射线

$$M_\gamma = \frac{At}{F^2} = \frac{A_1 t_1}{F_1^2} = \frac{A_2 t_2}{F_2^2} = \cdots = \frac{A_n t_n}{F_n^2}$$

曝光因子表达了射线强度、曝光时间和焦距三者之间的关系，当上述三个参量中的其中一个或两个发生变化时，通过上式可以方便地修正其他参量。

二、透照方式的选择和一次透照长度的计算

1. 透照方式的选择

常见的对接接头射线照相有 10 种基本透照方式，如图 1-27 所示。

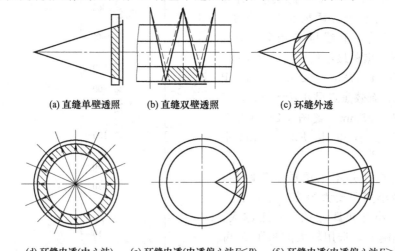

(a) 直缝单壁透照　　(b) 直缝双壁透照　　(c) 环缝外透

(d) 环缝内透(中心法)　(e) 环缝内透(内透偏心法 $F<R$)　(f) 环缝内透(内透偏心法 $F>R$)

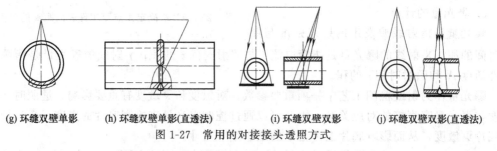

(g) 环缝双壁单影　(h) 环缝双壁单影(直透法)　(i) 环缝双壁双影　(j) 环缝双壁双影(直透法)

图 1-27　常用的对接接头透照方式

选择透照方式时，应综合考虑各方面的因素，权衡择优。有关因素包括以下几个。

（1）透照灵敏度　在透照灵敏度存在明显差异的情况下，应选择有利于提高灵敏度的透照方式。例如，单壁透照的灵敏度明显高于双壁透照的灵敏度。

（2）缺陷检出特点　有些透照方式特别适合于检出某些种类的缺陷，可根据检出缺陷的要求的实际情况选择。例如，源在外的透照方式与源在内的透照方式相比，前者对容器内壁表面裂纹有更高的检出率；双壁透照的直透法比斜透法更容易检出未焊透缺陷。

（3）透照厚度差和横向裂纹检出角　较小的透照厚度差和横向裂纹检出角有利于提高底

片质量和裂纹检出率。环缝透照时，在焦距和一次透照长度相同的情况下，源在内透照法比源在外透照法具有更小的透照厚度差和横向裂纹检出角，从这一点看，前者比后者优越。

（4）一次透照长度　各种透照方式的一次透照长度各不相同，选择一次透照长度较大的透照方式可以提高检测速度和工作效率。

（5）操作方便性　一般来说，对容器透照，源在外的操作更方便一些。而球罐的 X 射线透照，上半球位置源在外透照较方便，下半球位置源在内透照较方便。

（6）试件及检测设备具体情况　透照方式的选择还与试件及检测设备情况有关。例如，当试件直径过小时，源在内透照可能不能满足几何不清晰度的要求，因而不得不采用源在外的透照方式。使用移动式 X 射线机只能采用源在外的透照方式。使用 γ 射线源或周向 X 射线机时，选择源在内中心透照法对环向焊接接头周向曝光，更能发挥设备的优点。

2. 一次透照长度的计算

一次透照长度（L_3）是指焊接接头射线照相时一次透照的有效检测长度。它对照相质量和工作效率同时产生影响。实际工作中，一次透照长度的选取受两个方面因素的限制：一个是射线源有效照射场的范围，一次透照长度不可能大于有效照射场的尺寸；另一个是射线照相的透照厚度比 K 间接限制了一次透照长度的大小，以 JB/T 4730.2—2005 标准为例，不同级别射线检测技术和不同类型对接焊接接头的透照厚度比应符合表 1-5 的规定。

表 1-5　允许的透照厚度比 K

射线检测技术级别	A 级，AB 级	B 级
纵向焊接接头	$K \leqslant 1.03$	$K \leqslant 1.01$
环向焊接接头	$K \leqslant 1.1$	$K \leqslant 1.06$

注：对 $100mm < D_0 \leqslant 400mm$ 的环向对接焊接接头（包括曲率相同的曲面焊接接头），A 级、AB 级允许采用 $K \leqslant 1.2$。

另外，透照时的搭接长度和评片时的有效评定长度也与一次透照长度有关。搭接长度（ΔL）是指一张底片与相邻底片相互重叠部分的长度。有效评定长度（L_{eff}）是指一次透照检测长度对应在底片上的投影长度。这两项数据确定所使用胶片的长度和底片的有效评定范围。

控制 K 值主要是为了控制横向裂纹检出角（θ），由图 1-28 可见，$\theta = \arccos(1/K)$，而 θ 又与一次透照长度 L_3 有关，所以 L_3 的大小要按标准规定的 K 值通过计算求出。下面介绍几种常用透照方式中 L_3 的计算方法。

（1）直缝透照　直缝即平板对接接头或筒体纵向焊接接头，由图1-28可知 K 值限制了一次透照长度的大小。

$$K = \frac{T'}{T} = \frac{1}{\cos\theta} \tag{1-6}$$

即 $\theta = \arccos(1/K)$。

$$L_3 = 2L_1\tan\theta \tag{1-7}$$

JB/T 4730.2—2005 中规定：对 A 级、AB 级，$K \leqslant 1.03$，则 $\theta \leqslant 13.86$，$L_3 \leqslant 0.5L_1$；对 B 级，$K \leqslant 1.01$，则 $\theta \leqslant 8.07$，$L_3 \leqslant 0.3L_1$。

搭接长度 ΔL 计算式可由相似三角形关系推出：

$$\Delta L = \frac{L_2 L_3}{L_1} \tag{1-8}$$

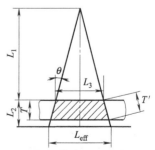

图 1-28　焊接接头透照厚度比示意图

当 $L_3 = 0.5L_1$ 时，$\Delta L = 0.5L_2$；当 $L_3 = 0.3L_1$ 时，$\Delta L = 0.3L_2$。

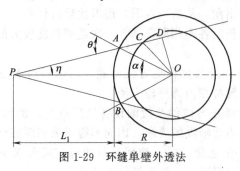

图 1-29　环缝单壁外透法

底片的有效评定长度为 $L_{\text{eff}} = L_3 + \Delta L$。

实际透照时，如果搭接标记放在射线源侧，则底片上搭接标记之间长度即为有效评定长度。如搭接标记放在胶片侧（如纵缝双壁透照），则底片上搭接标记以外还附加 ΔL 长度才是有效评定长度。

（2）环缝单壁外透法　采用外透法 100% 透照环向焊接接头时，满足一定厚度比的最少曝光次数 N 可由下式确定（参照图 1-29）：

$$
\left.
\begin{aligned}
N &= \frac{180°}{\alpha} \\
\alpha &= \theta - \eta \\
\theta &= \arccos \frac{1 + (K^2 - 1)T/D_o}{K} \\
\eta &= \arcsin \frac{D_o \sin\theta}{D_o + 2L_1}
\end{aligned}
\right\}
\tag{1-9}
$$

式中　α——与弧 $\overset{\frown}{AB}$ 对应的圆心角的 1/2，（°）；

　　　θ——影像最大失真角，（°）；

　　　η——有效半辐射角，（°）；

　　　K——透照厚度比；

　　　T——工件厚度，mm；

　　　D_o——容器外径，mm。

当 $D_o \gg T$ 时，$\theta \approx \arccos(1/K)$。

求出环向焊接接头透照时满足 K 值要求的最少曝光次数，就能计算出射线源侧焊接接头的外等分长度（一次透照长度）L_3 和胶片侧焊接接头的等分长度 L'_3，以及底片上有效评定长度 L_{eff} 和相邻两底片的搭接长度 ΔL：

$$
L_3 = \frac{\pi D_o}{N} \tag{1-10}
$$

$$
L'_3 = \frac{\pi D_i}{N} \tag{1-11}
$$

$$
\Delta L = 2T\tan\theta \tag{1-12}
$$

$$
L_{\text{eff}} = L'_3 + \Delta L \tag{1-13}
$$

实际照相时，如搭接标记放在射线源侧，则底片上两个搭接标记之间的距离即为有效评定长度 L_{eff}，无需计算。

（3）内透中心法（$F = R$）　内透中心法是指射线源位于被检工件（容器、管道）中心，胶片整条或逐张连续布置在整条环向焊接接头外壁上，射线对环向焊接接头作一次性周向曝光（图 1-30）。使用内透中心法时，其透照厚度比 $K = 1$，横向裂纹检出角 $\theta \approx 0°$，一次透照长度 L_3 为整条环向焊接接头长度。

（4）双壁单影法　此法进行环向焊接接头 100% 透照时，最少曝光次数 N 和一次透照长度 L_3 由下式求出（参照图 1-31）：

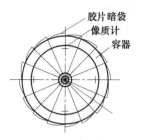
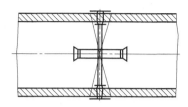

(a) 锥靶周向(垂直周向)

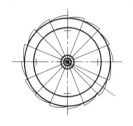
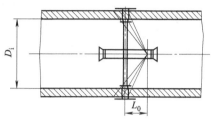

(b) 平靶周向(倾斜周向)

图 1-30 内透中心法

$$N = \frac{180°}{\alpha}$$

$$\alpha = \theta + \eta$$

$$\theta = \arccos \frac{1 + (K^2 - 1)T/D_o}{K} \qquad (1\text{-}14)$$

$$\eta = \arcsin \frac{D_o \sin\theta}{2F - D_o}$$

当 $D_o \gg T$ 时，$\theta \approx \arccos (1/K)$。

$$L_3 = \frac{\pi D_o}{N} = L_{\text{eff}} \qquad (1\text{-}15)$$

双壁单影法透照时，焦距越大，一次透照长度越小，透照次数越多；焦距越小，一次透照长度越大，透照次数越少。

图 1-31 双壁单影法

（5）双壁双影法 小径管一般指外径 $D_o \leqslant 100\text{mm}$ 的管子，其环向对接接头的透照常采用双壁双影法。采用倾斜透照方式椭圆成像需同时满足下列两条件：壁厚 $T \leqslant 8\text{mm}$；焊缝宽度 $g \leqslant D_o/4$。为防止倾斜斜角过大，影像过度失真，应控制影像的开口宽度在 1 倍焊缝宽度左右。

倾斜透照布置如图 1-32 所示，射线源的偏心距 L_0 为

$$L_0 = \frac{(g+q)f}{b} = \frac{[F - (D_o + \Delta h)](g+q)}{(D_o + \Delta h)} \qquad (1\text{-}16)$$

式中 Δh——焊缝余高，mm；

$\quad\ g$——焊缝宽度，mm；

$\quad\ q$——椭圆开口宽度，mm。

如果小径管的环向对接接头不满足上述条件或椭圆成像困难时，可采用垂直透照方式重叠成像，有时在为了重点检测焊缝根部的裂纹和未焊透等特殊情况下，也采用重叠成像，贴

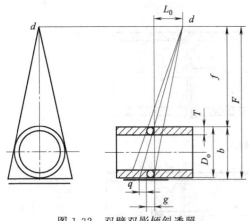

图 1-32　双壁双影倾斜透照

片时应使胶片弯曲贴合在焊缝表面，以尽量减少缺陷投影到胶片的距离。如发现超标缺陷，因为不能分清缺陷是位于哪一侧焊缝中，所以一般对焊缝进行整圆返修处理。

三、曝光曲线

在实际射线检测工作中，通常根据工件的材质与厚度的不同，来选取相应射线能量、曝光量以及焦距等透照工艺参数，这些参数一般通过查曝光曲线来选取。曝光曲线是用来表示被检工件（材质、厚度）与工艺规范参数（管电压、管电流、曝光时间、焦距、暗室处理条件等）之间相关性的曲线。一般情况下，只把工件厚度、管电压和曝光量选作可变参数，而其他条件相对固定。

（1）曝光曲线的类型　对 X 射线照相检测，常用的曝光曲线有两种类型：第一种类型曝光曲线以透照电压为参数，给出一定焦距下曝光量对数与透照厚度之间的关系；第二种类型曝光曲线以曝光量为参数，给出一定焦距下透照电压与透照厚度之间的关系。图 1-33 所示为第一种类型曝光曲线，图 1-34 所示为第二种类型曝光曲线。

第一种类型曝光曲线，纵坐标是曝光量，单位是 mA·min，采用对数刻度尺，横坐标是透照厚度，常用 mm 为单位，采用算术刻度尺。曝光曲线是在相同的焦距下对不同的透照电压画出的。可以看到，采用某一透照电压但透照不同厚度时，曝光量相差得很大。由于曝光量既不能很大，也不能很小，所以某个透照电压实际上只适于透照一较小的厚度范围。

第二种类型曝光曲线，纵坐标是透照电压，单位为 kV，采用算术刻度尺；横坐标是透照厚度，单位常用 mm，采用算术刻度尺。曝光曲线是在相同的焦距下对不同曝光量画出的。很显然，它不是直线。

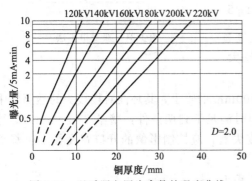

图 1-33　以透照电压为参数的曝光曲线

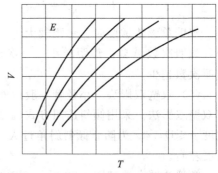

图 1-34　以曝光量为参数的曝光曲线

（2）曝光曲线的一般使用方法　从 E-T 曝光曲线上查取透照某给定厚度所需要的曝光量，一般都采用"一点法"，即按射线束中心穿透的最大厚度值确定与某一透照电压相对应的 E。但需注意，对有余高的焊接接头照相，射线穿透厚度有两个值。例如，透照母材厚度 12mm 的双面焊接接头，母材部位穿透厚度为 12mm，焊缝部位穿透厚度为 16mm，应该用哪个数值去查表呢？这时需要注意标准允许黑度范围与曝光曲线基准黑度的关系，JB/T 4730.2—2005 标准规定 AB 级允许黑度范围 2.0～4.0，如果曝光曲线基准黑度为 3.0 或更高，则以母材部位 12mm 为透照厚度查表为宜，这样能保证焊缝部位黑度不致太低；如果曝光曲线基准黑度为 2.5 或更低，则以焊缝部位 16mm 为透照厚度查表为宜，这样能保证母材部位黑度不致太高。

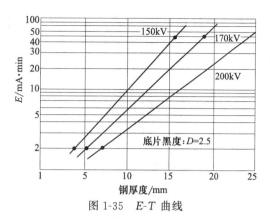

图 1-35 E-T 曲线

例如，最大穿透厚度值为 15mm 时，查图 1-35 所示的 E-T 曝光曲线可知，适用的曝光参数有三组：150kV，45mA·min；170kV，20mA·min；200kV，7mA·min。具体选择哪一组参数，应根据工件厚度是否均匀，宽容度是否满足要求，以及要求的灵敏度、工作时间、工作效率等因素，来选择是选用高能量小曝光量，还是低能量大曝光量。

四、辐射防护

1. 射线对人体的危害

当射线作用到有机体时，射线使机体内的组织、细胞和蛋白质等起生物化学作用而变成一种细胞毒，这种细胞毒对有机体具有破坏性。

射线对人体的危害作用随着射线剂量的不同、照射部位的不同以及射线对机体的作用不同而异，当人体的有机组织受少量射线照射时，其作用并不显著，有机组织能迅速恢复正常。但在受到大剂量射线照射或连续超过允许剂量射线照射时，将会在人体有机组织内引起严重病变，甚至导致死亡。

放射卫生防护标准规定，职业检测人员年最高允许剂量当量为 $5×10^{-2}$Sv，而终生累计照射量不得超过 2.5Sv。

2. 射线的防护方法

射线检测时，对射线的防护通常采用的防护方法主要有三种，即屏蔽防护、距离防护和时间防护。

（1）屏蔽防护 利用各种屏蔽物体吸收射线，以减少射线对人体的伤害，这是射线防护的主要方法。一般根据 X 射线、γ 射线与屏蔽物的相互作用来选择防护材料，屏蔽 X 射线和 γ 射线以密度大的物质为好，如贫化铀、铅、铁、重混凝土、铅玻璃等都可以用作防护材料。但从经济、方便的角度出发，也可采用普通材料，如混凝土、岩石、砖、土、水等。

（2）距离防护 这在进行野外或流动性射线检测时是非常经济有效的方法。这是因为射线的剂量率与距离的平方成反比，增加距离可显著地降低射线的剂量率。在实际检测中，究竟采用多远距离才安全，应当用剂量仪进行测量。当该处射线剂量率低于规定的最大允许剂量率时，可视为安全。

（3）时间防护 在辐射场内的人员所受照射的累积剂量与时间成正比，因此在照射率不变的情况下，缩短照射时间便可减少所接受的剂量，或者人们在限定的时间内工作，就可能使他们所受到的射线剂量在最高允许剂量以下，确保人身安全（仅在非常情况下采用此法），从而达到防护目的。

为了更好地进行防护，实际检测中往往是三种防护方法同时使用。

3. 透照现场中的安全技术

在一般企业条件下，很大一部分的工作是透照固定的设备和各种结构的部件，这种透照对象中最常遇到的是锅炉、船体以及起重或运输设备等的焊接接头。上述对象既可以在工地上进行检查，也可以在车间中进行检查，而且最好在无人或很少有人的地方进行检查。如果在工作人数很多的工地上或车间内进行透照时，在危险区边缘要设置警戒标志，防止外人误入。例如，用三角小红旗围起来，上写带有警告性的字样或用几块警告牌置于安全距离处，操作人员要保持安全距离，选择散射线小的方向，并尽量利用屏蔽物防护。

任务实施

一、检测工艺参数的确定

1. 透照方式、应识别丝号和像质计型号的确定

环向焊接接头 B1～B4 的透照方式、应识别丝号和像质计型号的确定见表 1-6。

表 1-6　被检工件的透照方式、应识别丝号和像质计型号的确定

环向焊接接头编号	透照方式	透照厚度/mm	应识别丝号	像质计型号
B1、B2	中心透照	10	13	Fe-10/16
B3	单壁外透照	8	13	Fe-10/16
B4	双壁单影透照	2×8	13F	Fe-10/16

2. 焊接接头长度和焦距的确定

（1）确定焊接接头长度

B1 和 B2 焊接接头总长：$L=2\times(1200+20)\pi=2\times3832.7\text{mm}$。

B3 焊接接头长度：$L=(450+16)\pi=1464\text{mm}$。

B4 焊接接头长度：$L=273\pi=857.7\text{mm}$。

（2）计算 f_{min}　根据 JB/T 4730.2—2005 的规定，AB 级的 $f\geq10db^{2/3}$（f 也可查诺模图求得）。

B1、B2 焊接接头：$f\geq10\times2.25\times(10+4)^{2/3}=130.7\text{mm}$。

B3 焊接接头：$f\geq10\times2\times(8+4)^{2/3}=105\text{mm}$。

B4 焊接接头：$f\geq10\times2\times(8+2)^{2/3}=92.9\text{mm}$。

（3）确定焦距　由给定的曝光曲线，再考虑到 K 值对一次透照长度的影响及工件结构原因，用定向检测机，B3、B4 焊接接头焦距均采用 600mm。

B1、B2 焊接接头周向曝光，选用 $F=(1200+20+4)/2=612\text{mm}$。

3. 一次透照长度 L_3 和每条焊接接头最少的透照片数 N

（1）B1 和 B2 焊接接头的计算

由前面的计算可知，焊接接头总长 $L=3832.7\text{mm}$，一次透照长度为整条焊接接头，预定采用胶片长度为 360mm，取 $N=12$ 张，则 $L_3=L_{eff}=L/N=3832.7/12=320\text{mm}$。

（2）B3 焊接接头的计算

已知：$T=8\text{mm}$，$D_i=450\text{mm}$，$D_o=D_i+2T=450+16=466\text{mm}$，$f=600(8+4)=588\text{mm}$。

则：$\theta=\arccos[(0.21T+D_o)/(1.1D_o)]=\arccos[(0.21\times8+466)/(1.1\times466)]=24.17°$，

$\eta=\arcsin[D_o\sin\theta/(2f+D_o)]=\arcsin[466\times\sin24.17°/(2\times588+466)]=6.67°$，

$N=180°/\alpha=180°/(\theta-\eta)=180°/(24.17°-6.67°)=10.29$片，取 $N=11$片。

$L_3=\pi D_o/N=466\pi/11=133\text{mm}$。

$\Delta L=T=8\text{mm}$。

$L_3'=\pi D_i/N=450\pi/11=128.5\text{mm}$

$L_{eff}=L_3'+\Delta L=128.5+8=136.5\text{mm}$，胶片长度取 240mm。

（3）B4 焊接接头双壁单影透照的计算

已知：$T=8\text{mm}$，$D_o=273\text{mm}$，$F=600\text{mm}$，$K=1.2$。

则：$\theta=\arccos[(0.44T+D_o)/(1.2D_o)]=\arccos[(0.44\times8+273)/(1.2\times273)]=32.43°$，

$\eta=\arcsin[D_o\sin\theta/(2F-D_o)]=\arcsin[273\times\sin32.43°/(2\times600-273)]=9.09°$，

$N=180°/\alpha=180°/(\theta+\eta)=180°/(32.43°+9.09°)=4.34$ 片，取 $N=5$ 片。

$L_3=L_{eff}=\pi D_o/N=273\pi/5=171mm$，胶片长度取 240mm。

4. 曝光量和射线能量的确定

(1) B1 和 B2 焊接接头

① 确定透照厚度。周向曝光：$T_A=10+4=14mm$。

② 确定在特定焦距下应采用的曝光量。X 射线照相，当焦距为 700mm 时，A 级和 AB 级射线检测技术不小于 15mA·min；当 $F=600mm$ 时，由曝光因子公式计算 $E_0=15\times600^2/700^2=11mA·min$。

③ 依据透照厚度和特定焦距下应采用的曝光量，在曝光曲线下查出透照电压值。由曝光曲线查得，$T_A=10+4=14mm$，$F=600mm$ 时，曝光量不小于 11mA·min，电压选用 120kV。

④ 依据透照厚度和透照电压值，确定在曝光曲线的焦距下的曝光量。$T_A=10+4=14mm$，电压 120kV。由曝光曲线查得，曝光量为 12mA·min。

⑤ 确定透照焦距下的曝光量。现使用焦距为 612mm，当管电压不变，由曝光因子公式计算：$E_2=E_1(F_2/F_1)^2=2.4\times5\times612^2/600^2=12.5mA·min=2.5\times5mA·min$。

(2) B3 焊接接头

① 确定透照厚度。单壁透照：$T_A=8+4=12mm$。

② 确定在特定焦距下应采用的曝光量。X 射线照相，当焦距为 700mm 时，A 级和 AB 级射线检测技术不小于 15mA·min；当 $F=600mm$ 时，由曝光因子公式计算 $E_0=15\times600^2/700^2=11mA·min$。

③ 依据透照厚度和特定焦距下应采用的曝光量，在曝光曲线下查出透照电压值。由曝光曲线查得，$T_A=8+4=12mm$，$F=600mm$ 时，曝光量不小于 11mA·min，电压选用 110kV。

④ 依据透照厚度和透照电压值，确定在曝光曲线的焦距下的曝光量。$T_A=8+4=12mm$，电压 110kV。由曝光曲线查得，曝光量为 11mA·min。

⑤ 确定透照焦距下的曝光量。当 $F=600mm$ 时，曝光量为 11mA·min。

(3) B4 焊接接头

① 确定透照厚度。双壁单影透照：$T_A=2\times8+2=18mm$。

② 确定在特定焦距下应采用的曝光量。X 射线照相，当焦距为 700mm 时，A 级和 AB 级射线检测技术不小于 15mA·min；当 $F=600mm$ 时，由曝光因子公式计算 $E_0=15\times600^2/700^2=11mA·min$。

③ 依据透照厚度和特定焦距下应采用的曝光量，在曝光曲线下查出透照电压值。由曝光曲线查得，$T_A=2\times8+2=18mm$，$F=600mm$ 时，曝光量不小于 11mA·min，电压选用 150kV。

④ 依据透照厚度和透照电压值，确定在曝光曲线的焦距下的曝光量。$T_A=2\times8+2=18mm$，电压 150kV。由曝光曲线查得，曝光量为 13mA·min。

⑤ 确定透照焦距下的曝光量。当 $F=600mm$ 时，曝光量为 13mA·min。

二、操作步骤

1. B1、B2 焊接接头

(1) 试件检查及清理 工件在射线透照之前，焊接接头和表面质量应经外观检查合格。

(2) 划线 中心透照法一次透照长度为整条环向焊接接头，所以划线时只需将每张胶片的中心位置在容器外壁上标出即可。对焊接接头分段时以长度 320mm 为一段，标出中心位置，写上底片编号。

（3）像质计和各种标记的摆放

① 像质计的摆放　选用 FeⅡ（10-16）型像质计，像质计应在内壁每隔 120°放置一个，共放三个像质计。像质计的金属丝横跨焊缝并与焊缝方向垂直，可以放在距胶片边缘 1/4 处或任何合适的位置。

② 定位标记的摆放　内透中心法搭接标记，显示相邻胶片搭接在一起，保证整圈焊接接头全覆盖即可，可用数字顺序号代替，如 0-1、1-2、2-3 等，每两个数字之间是胶片等分长度，有效评定区是代表整圈环向焊接接头的所有底片。用数字顺序号作为搭接标记，可不放置中心标记。

③ 识别标记的摆放　每张底片上均应放置代表工程编号、焊接接头编号、底片编号、拍片日期的铅字，铅字可以插在暗袋的插孔内。铅字的摆放要整齐，距焊缝边缘至少 5mm。

（4）贴片　选择带磁铁的暗袋，将装有胶片的暗袋按顺序逐次贴在筒体外壁，保证有足够的搭接。贴片时要尽量使暗袋与工件贴紧，为保证贴合更紧密些，可用长橡胶带套在环向焊接接头上，将暗袋压在下面效果会更好。

（5）对焦　将射线机安放在支架上，调整支架高度，使设备焦点位于筒体焊缝中心。

（6）曝光　设备电源连接好后处于准备工作状态，预热 2min，按选择的曝光条件，调节管电压为 120kV，计时器为 2.5min，按下高压通开关对工件进行曝光。曝光结束后，按顺序依次取下暗袋，送暗室进行处理。

（7）记录　应记录工件编号、底片编号、摄片条件，并记录像质计所在的底片号。详细绘出布片图，标明起始底片号和交叉焊缝部位的底片号，用箭头在图上画出底片号顺序方向。

2. B3 焊接接头

（1）试件检查及清理　工件在射线透照之前，焊接接头和表面质量应经外观检查合格。

（2）划线　将环向焊接接头外壁分成 11 段，每段焊接接头长 133mm，每段焊缝两端和中心位置用记号笔标出，写上底片编号，然后在容器内壁相应位置划长度为 129 的 11 个线段，内外线段的中心尽可能对准。

（3）像质计和各种标记的摆放

① 像质计的摆放　选用 FeⅡ型（10-16）像质计。对于环缝单壁外透法，标准要求每张底片均应放置一个像质计，放在容器外表面（射线源侧）被检区长度的 1/4 处，金属丝横跨焊缝并与焊缝方向垂直，细丝置于外侧。

② 定位标记的摆放　环缝单壁外透法搭接标记放在射线源侧工件表面检测区域的两端，底片上搭接标记之间的长度范围即是有效评定长度。

③ 中心标记的摆放　放在被测区域的中心，水平方向箭头指向焊接接头（底片）编号顺序方向，垂直方向的箭头指向焊缝边缘。

④ 识别标记的摆放　每张底片均应有产品编号、焊接接头编号、底片编号、拍片日期等识别标记影像。

（4）贴片　在贴片时要尽量使暗袋贴紧工件，并使暗袋中心与被检区域的中心对正。把薄铅板固定在暗袋后面，以防背散射线对底片质量的影响。

（5）对焦　将射线机安放在合适位置，调节设备和工件的相对位置，使射线机中心指示器对准透照中心，并与透照中心的切面垂直，同时调整设备与工件之间的距离，使 $F=600$mm。

（6）曝光　设备电源连接好后处于准备工作状态，预热 2min，按选择的曝光条件，调节管电压为 110kV，计时器为 2.2min，按下高压通开关对工件进行曝光。时间回零，透照完毕，打开透照室的铅门，取下已曝光的胶片，换上新胶片，重新摆放相关标记、贴片、对焦，进行第二个被检区域的曝光。11 个被检区域透照完后，将曝光后的胶片送暗室冲洗。

（7）记录 应记录工件编号、底片编号，绘布片图，并详细记录拍片条件。

3. B4 焊接接头

（1）试件检查及清理 工件在射线透照之前，焊接接头和表面质量应经外观检查合格。

（2）划线 将环向焊接接头分成 5 段，每段焊接接头长 171mm，每段焊缝两端和中心位置用记号笔标出，在每段焊缝中心写上底片编号。

（3）像质计和各种标记的摆放

① 像质计的摆放 放置像质计时，每次曝光均应放一个像质计，整条环向焊接接头需放五个像质计，像质计放在工件外壁每个曝光区域边缘胶片的 1/4 处，并在像质计下面附一个"F"标记，像质计金属丝横跨焊缝并与焊缝方向垂直，细丝置于外侧。

② 定位标记的摆放 环缝双壁单影法搭接标记只能放在胶片侧工件表面被检区域的两端，用透明胶带牢固粘贴。

③ 中心标记的摆放 放在被检区域的中心，水平方向的箭头指向焊接接头（底片）编号顺序方向，垂直方向的箭头指向焊缝边缘。

（4）贴片 在贴片时要尽量使暗袋贴紧工件，并使暗袋中心与被检区域的中心对正。把薄铅板固定在暗袋后面，以防背散射线对底片质量的影响。

（5）对焦 将射线机用支架稳定地固定，并使射线机窗口与环向焊接接头所在平面在一个水平高度，将窗口贴近焊缝，对准对面检测区域的中心。

（6）曝光 设备电源连接好后处于准备工作状态，预热 2min，按选择的曝光条件，调节管电压为 150kV，计时器为 2.6min，按下高压通开关对工件进行曝光。时间回零，透照完毕，打开透照室的铅门，取下已曝光的胶片，换上新胶片，重新摆放相关标记、贴片、对焦，进行第二个被检区域的曝光。5 个被检区域透照完后，将曝光后的胶片送暗室冲洗。

（7）记录 应记录工件编号、底片编号，绘布片图，并详细记录拍片条件。

任务评价

评分标准见表 1-7。

表 1-7 评分标准

序号	考核内容	评分要素	配分	评分标准	扣分	得分
1	准备工作	检查材料、设备及工具	10	未检查不得分		
2	确定检测工艺参数	透照方式选择有五种方法：纵缝透照法；环缝内透法；双壁双影法；环缝外透法；双壁单影法	5	选择透照方式错误不得分		
		像质计的选择与放置并确定像质指数	5	像质计选择与放置错误，未确定像质指数不得分		
		焦距选择不低于标准中诺模图划定的最小距离	5	未按标准选择焦距不得分		
		计算一次透照长度、确定拍片数量	10	未计算一次透照长度、未确定拍片数量一项扣 4 分		
		根据曝光曲线定射线能量	5	选择射线能量错误不得分		
		曝光量不低于 15mA·min	5	曝光量低于 15mA·min 不得分		
		增感屏、暗袋等辅件的选择	5	增感屏、暗袋等选择错一项扣 2 分		

续表

序号	考核内容	评分要素	配分	评分标准	扣分	得分
3	透照	连接控制箱和机头，接通电源并可靠接地，开启电源开关预热，检查控制箱上的电指示和风扇运转情况	10	未连接控制箱和机头、未接通电源、未可靠接地各扣 2 分；未开启电源开关预热不得分；未检查控制箱上的电指示和风扇运转情况各扣 3 分		
		固定机头；调整焦距；对中；贴片；摆放各种标记；屏蔽散射线；像质计放在射线源侧	20	未固定机头、未调整焦距、未对中、未贴片、未摆放各种标记、未屏蔽散射线每项扣 3 分；未将像质计放在射线源侧每项扣 2 分		
		根据曝光曲线确定电压值，预置曝光时间，对胶片进行曝光	20	电压值确定错、预置时间错各扣 7 分；未对胶片曝光扣 6 分		
	合计		100			

项目四　暗室处理技术

学习目标

• 了解暗室的布局，熟悉暗室设备器材。

• 熟悉暗室处理的过程，能进行手工冲洗胶片。

任务描述

一条 $\phi2400mm\times18mm$ 的容器环向焊接接头，试件材料为 Q235R。采用射线中心透照法 100% 检测，标准 JB/T 4730.2—2005，共拍摄胶片 24 张，需要手工冲洗胶片。本任务的要求是将具有潜影的胶片经过一系列加工处理得到可见影像的底片。

相关知识

一、暗室布置知识

① 暗室应有足够的空间，不能太小、太窄。

② 暗室应分为干区和湿区两部分，并应尽可能使两部分相隔远一些。干区用于摆放胶片、暗盒、增感屏和洗片夹等器材，并用来进行切片和装片等工作。湿区用来进行冲洗过程中的显影、停显、定影、水洗和干燥等工作。手工冲洗的暗室如图 1-36 所示。

③ 各种器材的摆放位置应根据工作流程进行合理布局，以利于工作。

④ 暗室应完全遮光，进出口处应设置过渡间和双重门，以保证人员出入时不漏光，为减少人员出入次数，设置传递口，用于传递胶片或底片。

⑤ 暗室应有通风换气设备和给排水系统，应有控制温度和湿度的措施。

⑥ 暗室地面和工作台保持干燥和清洁，墙壁、工作台应有防水和防化学腐蚀的能力。

⑦ 暗室附近如有射线源，应注意屏蔽问题。

二、暗室设备器材使用知识

暗室常用器材包括安全灯（三色灯）、温

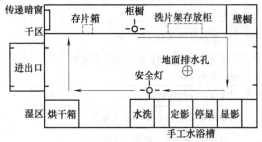

图 1-36　手工冲洗的暗室

度计、天平、洗片槽、烘干箱等，有的还配有自动洗片机。洗片机等设备的使用有专门的操作规程。其他设备使用时应注意以下几点。

①　安全灯用于胶片冲洗过程中的照明。不同种类胶片具有不同的感光波长范围。工业射线胶片对可见光的蓝色部分最敏感，而对红色或橙色部分不敏感，因此用于射线胶片处理的安全灯采用暗红色或暗橙色。安全灯如图1-37（a）所示。

②　温度计用于配液和显影操作时测量药液温度，可使用量程大于50℃，刻度为1℃或0.5℃的酒精玻璃温度计，也可使用半导体温度计。

③　天平用于配液时称量药品，可采用称量精度为0.1g的托盘天平。天平使用后应及时清洁，以防腐蚀造成称量失准。

④　胶片手工处理可分为盘式和槽式两种方式，其中盘式处理易产生伪缺陷，所以目前多采用槽式处理。洗片槽用不锈钢或塑料制成，如图1-37（b）所示，其深度应超过底片长度20%以上，使用时应将药液装满槽，并随时用盖将槽盖好，以减少药液氧化。槽应定期清洗，保持清洁。洗片架按形状分为插式洗片架和夹式洗片架，它是射线工作暗室操作中的常用工具，如图1-37（c）所示。

⑤　配液的容器、搅拌棒应使用玻璃、搪瓷或塑料制品，也可用不锈钢制品，切忌使用铜、铁、铝制品，因为铜、铁、铝等金属离子对显影剂的氧化有催化作用。

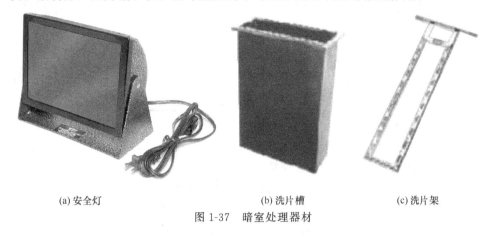

(a)安全灯　　　　　　　　　　(b)洗片槽　　　　　　　　　(c)洗片架

图1-37　暗室处理器材

三、暗室处理程序

1. 显影

曝光以后在胶片的乳剂层中形成潜影，对通常采用的曝光量必须经过显影才能把潜影转化为可见的影像。显影就是通过还原作用，从感光乳剂中感光的溴化银还原出金属银，使不可见的潜影转化为可见的影像。

（1）显影液　通常使用的显影液含有四种主要组分：显影剂、保护剂、促进（加速）剂、抑制剂，此外还应有溶剂水。调整各个组分的比例，可以得到不同性能的显影液。

①　显影剂　是显影液的基本组分，它使已感光的卤化银还原为金属银。最常用的显影剂是米吐尔、对苯二酚、菲尼酮。

②　保护剂　在显影液中加入保护剂是为了防止显影剂氧化，延长显影液的寿命。显影液中经常采用的保护剂是无水亚硫酸钠。

③　促进剂　在显影液中加入促进剂是为了增强显影剂的显影能力和显影速度。显影液中常用的促进剂是碳酸钠、硼砂，它们都是弱碱性物质，很少使用强碱氢氧化钠。

④　抑制剂　在显影液中加入抑制剂是为了减少对未曝光卤化银微粒的显影程度，降低

灰雾。经常使用的抑制剂是溴化钾。

⑤ 溶剂水　溶解各种其他组分，构成显影液。

（2）影响显影的因素　显影过程对射线照片影像的质量具有重要影响，因此必须严格控制显影过程。影响显影结果的因素主要是显影的时间与温度、显影操作、显影液的老化程度，具体见表1-8。

表1-8　影响显影的因素

影响因素	影响内容	一般要求
显影时间	显影时间延长，可以增加底片黑度和影像对比度，但也会增大灰雾度和影像的颗粒度。显影时间过短，底片影像对比度降低，也会增大影像的颗粒度。显影时间过长或过短都不能得到良好的影像质量	对手工处理，正常的显影时间一般是3～5min
显影温度	温度高时显影作用快，温度低时显影作用慢。温度过高可能使显影液中的药品分解失效，或造成显影液的过分氧化，主要危害是灰雾度增大、影像颗粒变粗，而且可能损害乳剂层。显影温度过低，显影液的显影能力大大降低，造成影像的对比（反差）降低	手工处理时显影液的显影温度一般为18～20℃
显影操作	搅动可以提高显影速度，并使显影均匀，同时也提高底片反差	当胶片在显影液中时，应不断搅拌显影液，特别是最初的1～2min时间里，一定要使胶片在显影液中不断进行两个相互垂直方向的移动或翻动
显影液活度	显影液活度取决于显影液的种类和浓度，以及显影液的pH值。若使用老化的显影液，显影速度将变慢，反差减少，灰雾度增大	当显影液老化到一定程度后应停止使用（在规定的温度和时间条件下处理，底片的黑度明显偏离正常值），否则将影响底片质量。或者通过加入补充液的方法提高显影液的活度

2. 停显或中间水洗

从显影液中取出胶片后，显影作用并不能立即停止，这时胶片乳剂层中还残留着显影液，它们仍在继续进行显影作用，在这种情况下容易产生显影不均匀。如果这时立即将胶片放入定影液中，则可能产生二色性灰雾。同时，由于显影液带入定影液，还会损害定影液。二色性灰雾是极细的银粒沉淀，在反射光下呈现蓝绿色，在透射光下呈现粉红色。

常用的停显液是1.5%～5%的醋酸水溶液。停显时间约为0.5～1min。停显液的主要作用是其酸中和显影液中的碱。

如果不采用停显液，则应在显影之后先将胶片放入流动水中冲洗约1min左右，然后才能将胶片转入定影液中。

3. 定影

经过显影之后，胶片乳剂层中感光的卤化银还原为金属银，但大部分未感光的卤化银没有发生变化，还保留在乳剂层中。定影过程的作用是，将感光乳剂层中未感光也未被显影剂还原的卤化银从乳剂层中溶解掉，使显影形成的影像固定下来。

（1）定影液　包含四个主要组分：定影剂、酸性剂、保护剂、坚膜剂，此外还有溶剂水，定影的基本作用由定影剂完成。

① 定影剂　是定影液的主要组分，使用最广泛的定影剂是硫代硫酸钠（海波）。在定影过程中，硫代硫酸钠与卤化银发生反应，生成成分比较复杂的能溶于水的银的络合物。但对已还原出的金属银不起作用，从而使影像固定下来。

② 酸性剂　为了中和在停显过程中未消除而进入定影液中的显影液的碱，停止显影作用，在定影液中需加入一些酸。常用的酸性剂是冰醋酸和硼酸。

③ 保护剂　为防止定影液的酸度升高，在定影液中需加入保护剂。常用的保护剂是亚硫酸钠。

④ 坚膜剂　在定影过程中，胶片感光乳剂层大量吸入水分，发生膨胀，容易划伤和脱落。坚膜剂的作用就是减少划伤和防止药膜脱落。酸性定影液最常用的坚膜剂是硫酸铝钾（明矾）和硫酸铬钾（铬矾）。

（2）影响定影的因素　影响定影过程的因素主要是定影的时间与温度、定影操作、定影液的老化程度，具体见表1-9。

表 1-9　影响定影的因素

影响因素	影　响　内　容	一　般　要　求
定影时间	如果定影时间短于定透时间，射线照片将呈现灰白雾状，影像明显不清晰。定影时间超过定透时间、胶片未感光部分也已呈现透明状态，也不能简单地认为定影过程已经完成	采用硫代硫酸钠配方的定影液，在标准条件下，所需定影时间一般不超过15min
定影温度	温度低时定影慢，温度高时定影快。但温度不能过高，温度过高可能造成定影液药品分解失效，使乳剂层膨胀加大，容易产生划伤和脱膜	一般控制在 16～24℃
定影操作	搅动可以提高定影速度，并使定影均匀	在定影过程中，应适当搅动定影液，一般每1～2min搅动一次
定影液活度	使用过于老化的定影液时，必然会过分地加长定影时间，同时将会分解出硫化银，使底片变成棕黄色	对所使用的定影液，定影液老化到定透时间已延长到新定影液定透时间的2倍时，则应该认为定影液已失效，必须更换

4. 水洗与干燥

（1）水洗　目的是将胶片表面和乳剂膜内吸附的硫代硫酸钠及银盐络合物清除掉。否则硫化银会使底片发黄，影响底片影像质量。

水洗的质量决定于水洗的温度、时间、方式。温度高可缩短水洗时间，但温度过高可能会损害乳剂层，水洗温度一般控制在 16～24℃。水洗时间一般需要 30min。一般应用流动水洗方式进行水洗，使胶片总是接触新鲜清水，利于清除残留的有害物质。

（2）干燥　目的是为了排除膨胀的乳剂层中的水分。

干燥方法主要是两种：自然干燥和烘箱干燥。自然干燥是在清洁、干燥、空气流动的室内，把水洗后的胶片悬挂起来，让水分自然蒸发，使胶片干燥。烘箱干燥是把水洗后的胶片悬挂在烘箱内干燥，烘箱中通过热风，热风的温度一般不能高于 40℃，并应对热风进行过滤，尽量减少热风所带入的杂质和灰尘。

任务实施

一、显影

在准备好了显、定影液后，首先关闭日光灯，打开双色灯中的红灯以及暗室计时器。这时就可以将暗袋里已拍照的胶片取出，取出的胶片要做好标记，胶片放入显影液之前，应在清水中预浸一下，使胶片表面润湿，避免进入显影液后胶片表面附有气泡造成显影不均匀，然后放进显影液中。一次性放入显影液中的胶片不宜过多，以不重叠为宜。常温下，显影时间在 3～5min。显影之初和显影过程中要使胶片上下移动，以保证显影液新鲜性。显影夹之间要有一定距离，防止胶片相粘。

二、停显

停显液常用弱酸配制而成，作用是中和残留的碱性显影液。操作时，将显影后的胶片放入停显液中不断地摆动，使酸碱中和产生的气泡从表面排出。停显时间在 30～60s 即可。停显温度最好与显影温度相近，停显温度过高，可能会产生"网纹"等缺陷。

三、定影

（1）定影温度的控制　定影操作时应将温度控制在 16～24℃。

（2）搅拌　在整个定影过程中要不断搅动定影液，并经常翻动胶片，这样既可以提高定影速度又可使定影均匀。一般在最初的 1min 内要不停地搅拌，以后每 1～2min 搅动一次，搅拌要充分，尽量使每张胶片都能补充到定影液。

（3）定影时间的控制　定影过程中，胶片乳剂膜的乳黄色消失，变为透明的现象称为"通透"。从胶片放入定影液直至通透的这段时间称为"通透时间"。通透的出现标志着胶片乳剂层中未显影的卤化银已被定影剂溶解，但要使被溶解的银盐从乳剂中渗出并进入定影液，还需一段时间，通常定影时间为通透时间的 2 倍即可定影充分。

四、水洗

水洗时最好用流动的清水，控制温度在 16～24℃，水洗时间不少于 30min，如果无法采用流动水，冲洗时要常换水且需要增加水洗时间。

五、干燥

为防止底片产生水迹，干燥前要进行润湿处理。润湿液可用 0.1% 左右的洗涤剂水溶液配制而成。将胶片放入润湿液浸润约 1min 拿出进行干燥，即可有效防止底片产生水迹。

任务评价

评分标准见表 1-10。

表 1-10　评分标准

序号	考核内容	评分要素	配分	评分标准	扣分	得分
1	准备工作	检查材料及设备。检查电源及冲洗设备齐全可靠	5	未检查不得分		
		配置显影液、定影液	15	未配置显影液、定影液不得分		
2	冲洗胶片	定时：调节定时钟，预置显影时间	5	未调节定时钟、预置显影时间不得分		
		从暗袋中拿出胶片：从暗袋中将胶片和增感屏一起抽出，然后取出胶片放在洗片夹中，拿取胶片时不得抽拉，避免胶片与增感屏摩擦，要沿胶片边角抓取，以免胶片上留下指痕，同时胶片在暗室灯下暴露时间不要太长	15	从暗袋中未将胶片和增感屏一起抽出扣 3 分；未将胶片取出扣 3 分；拿取胶片时抽拉扣 3 分；未沿胶片边角抓取扣 3 分；胶片在暗室灯下曝光时间过长扣 3 分		
		显影操作：将胶片浸入显影液中，同时开启定时钟，显影时间不超过 5min，每分钟翻动（抖动）2～3 次	15	未将胶片浸入显影液中扣 3 分；未开启定时钟扣 3 分；显影时间超过 5min 扣 3 分；每分钟未翻动胶片扣 3 分，扣完为止		
		停显操作：显影结束，将胶片放入停显液中，停显 30s	10	未将胶片放入停显液或未停显 30s 不得分		
		定影操作：胶片从停显液中取出，浸入定影液中，定影时间 15min，定影时应适当翻动或抖动底片	15	未浸入定影液中不得分；定影时间未达到 15min 扣 5 分；定影时未适当翻动或抖动底片扣 5 分		
		底片冲洗：将定透的底片放入干净流动的水中冲洗浸泡，时间宜为 30min	8	未将定透的底片放入干净流动的清水中冲洗浸泡不得分；时间不合适扣 5 分		
		底片干燥：将底片自然晾干时，场所要通风良好无灰尘	12	场所通风不好，有灰尘各扣 2 分；底片有指印、划伤、水渍等伪缺陷发现一处扣 3 分，扣完为止		
		合计	100			

项目五　射线照相底片的评定

学习目标

- 了解评片的基本要求。
- 能识别焊接缺陷的影像，对缺陷进行定性分析。
- 熟知被检工件质量等级评定的标准。

任务描述

某管线，规格为 $\phi45\mathrm{mm}\times3.5\mathrm{mm}$，按 JB/T 4730.2—2005 标准 AB 级像质要求，射线检测抽查比例为 50%、Ⅱ级合格。有现场监理，检测焊口由现场监理指定。经检测共得到底片 15 张。本任务的要求是对被检焊接接头的底片影像进行分析和识别，对照有关标准，评出焊接接头的质量等级。

相关知识

一、评片工作的基本要求

缺陷是否能够通过射线照相而被检出，取决于若干环节。首先，必须使缺陷在底片上留下足以识别的影像，这涉及照相质量方面的问题。其次，是与观片设备和环境条件有关。第三，评片人员对观察到的影像应能作出正确的分析与判断，这取决于评片人员的知识、经验、技术水平和责任心。

1. 环境设备条件要求

(1) 环境　评片一般应在专用的评片室内进行。评片室应整洁、安静，温度适宜，光线应暗且柔和。观片灯两侧应有适当台面供放置底片及记录。黑度计、直尺等常用仪器和工具应靠近放置，取用方便。

(2) 观片灯　其主要性能应符合 JB/T 7903 的有关规定，应有足够的光强度，能满足评片要求。在亮度方面又规定底片评定范围内的亮度应符合下列要求：确保透过黑度 $D\leqslant2.5$ 的底片后可见光度应为 $30\mathrm{cd/m^2}$；透过黑度 $D>2.5$ 的底片后可见光度应为 $10\mathrm{cd/m^2}$；亮度应可调，性能稳定，安全可靠，无噪声。观片时用遮光板应能保证底片边缘不产生亮光而影响评片。

(3) 各种工具用品　评片需用的工具用品如下。

放大镜：用于观察影像细节，放大倍数一般为 2~5 倍，最大不超过 10 倍。

遮光板：观察底片局部区域或细节时，遮挡周围区域的透射光，避免多余光线进入评片人眼中。

评片尺：最好是透明塑料尺。

手套：避免评片人手指与底片直接接触，产生污痕。

文件：提供数据或用于记录的各种规范、标准、图表。

2. 人员条件要求

评片人员应经过系统的专业培训，并通过法定部门考核确认其具有承担此项工作的能力与资格。应具有良好的视力。同时应具有良好的职业道德，高度的工作责任心。

3. 底片质量要求

(1) 灵敏度检查　灵敏度是射线照相底片质量的最重要指标之一，必须符合有关标准的要求。对底片的灵敏度检查内容包括：底片上是否有像质计影像，像质计型号、规格、摆放位置是否正确，能够观察到的金属丝像质指数是多少，是否达到了标准规定的要求等。

(2) 黑度检查　黑度是底片质量的一个重要指标，它直接关系到底片的射线照相灵敏度和底片记录细小缺陷的能力。为保证底片具有足够的对比度，黑度不能太小，但因受到观片灯亮度的限制，底片黑度也不能过大。根据 JB/T 4730.2—2005 标准，底片评定范围内的黑度 D 应符合下列规定：A 级 $1.5 \leqslant D \leqslant 4.0$；AB 级：$2.0 \leqslant D \leqslant 4.0$；B 级：$2.3 \leqslant D \leqslant 4.0$。

底片黑度测定要求：按标准规定，其下限黑度是指底片两端搭接标记处的焊缝余高中心位置的黑度，其上限黑度是指底片中部焊缝两侧热影响区（母材）位置的黑度。只有当有效评定区内各点的黑度均在规定的范围内方为合格。

（3）标记检查　底片上标记的种类和数量应符合有关标准和工艺规定。常用的标记种类有工件编号、焊接接头编号、部位编号、中心定位标记、搭接标记。此外，有时还需使用返修标记，像质计放在胶片侧的区别标记以及人员代号、透照日期等。

标记应放在适当位置，距焊缝边缘应不少于 5mm。所有标记的影像不应重叠，且不应干扰有效评定范围内的影像。

（4）背散射检查　即"B"标记检查。照相时，在暗盒背面贴附一个"B"铅字标记，观片时若发现在较黑背景上出现"B"字较淡影像，说明背散射严重，应采取防护措施重新拍照；若不出现"B"字或在较淡背景上出现较黑"B"字，则说明底片未受背散射影响，符合要求。黑"B"字是由于铅字标记本身引起射线散射产生了附加增感，不能作为底片质量判废的依据。

（5）伪缺陷检查　伪缺陷是指由于透照操作或暗室操作不当，或由于胶片、增感屏质量不好，在底片上留下的非缺陷影像。常见的伪缺陷影像包括划痕、折痕、水迹、静电感光、指纹、霉点、药膜脱落、污染等。伪缺陷容易与真缺陷影像混淆，影响评片的正确性，造成漏检和误判，所以底片上有效评定区域内不允许有伪缺陷影像。

二、评片基本知识

1. 观片的基本操作

（1）通览底片　目的是获得焊接接头质量总体印象，找出需要分析研究的可疑影像。通览底片时必须注意，评定区域不仅仅是焊缝，还包括焊缝两侧的热影响区，对这两部分区域，都应仔细观察。由于余高的影响，焊缝和热影响区的黑度差异往往较大，有时需要调节观片灯亮度，在不同的光强下分别观察。

（2）影像细节观察　是为了作出正确的分析判断。因细节的尺寸和对比度极小，识别和分辨是比较困难的，为尽可能看清细节，常采用下列方法。

① 调节观片灯亮度，寻找最适合观察的透过光强。

② 用纸框等物体遮挡住细节部位邻近区域的透过光线。

③ 使用放大镜进行观察。

④ 移动底片，不断改变观察距离和角度。

2. 焊接缺陷影像分析

焊接缺陷的影像特征基本取决于焊缝中缺陷的形态、分布、走向和位置，因射线投照角变化而造成的影像畸变或影像模糊也应予以充分考虑；对缺陷特性和成因的充分了解和经验，有助于缺陷的正确判断。必要时，应改变射线检测方案重新拍片；也可对可疑影像进行解剖分析，这样可以减少误判和漏判。

缺陷影像的判定，应依据以下三个基本原则。

① 影像的黑度（或亮度）分布规律　如气孔的黑度变化不大，属平滑过渡型；而夹渣的黑度变化不确定，属随机型。

② 影像的形态和周界　如裂纹的影像为条状，且必有尖端；而未焊透或条状夹渣虽然也是条状的，但一般不可能有尖端。未焊透的两边周界往往是平直的，夹渣的周围往往是弧

形不规则的,而气孔的形态大多是规则的。

③ 影像所处的部位 如未熔合只产生于焊接坡口的熔合面上,因此大多出现在焊缝轴线的两侧;而未焊透则出现在焊缝轴线上。

焊接缺陷显示特征如表 1-11 所示。

表 1-11 焊接缺陷显示特征

焊接缺陷		射线照相法底片
种类	名称	
裂纹	横向裂纹	与焊缝方向垂直的黑色条纹,有尖端,如图 1-38 所示
	纵向裂纹	与焊缝方向一致的黑色条纹,两头尖细,如图 1-39 所示
	弧坑裂纹	弧坑中纵、横向及星形黑色条纹,有尖端,如图 1-40 所示
未熔合和未焊透	未熔合	坡口边缘、焊道之间以及焊缝根部等处的伴有气孔或夹渣的连续或断续黑色影像,如图 1-41(a)、(b)、(c)所示
	未焊透	焊缝根部钝边或轴线方向未熔化的直线黑色影像,如图 1-42 所示
夹渣	条状夹渣	黑度值较均匀的呈长条黑色不规则影像,如图 1-43 所示
圆形缺陷	夹钨	白色块状,如图 1-44 所示
	点状夹渣	黑色点状
	球形气孔	黑度值中心较大边缘较小且均匀过渡的圆形黑色影像,如图 1-45 所示
	均布及局部密集气孔	均匀分布及局部密集的黑色点状影像
	链状气孔	与焊缝方向平行的成串并呈直线状的黑色影像,如图 1-46 所示
	柱状气孔	黑度很大且均匀的黑色圆形显示
	斜针状气孔(螺孔、虫形孔)	单个或呈人字分布的带尾黑色影像
	表面气孔	黑度值不太高的圆形影像
	弧坑缩孔	指焊道末端的凹陷,为黑色显示
形状缺陷	咬边	位于焊缝边缘与焊缝走向一致的黑色条纹
	缩沟	单面焊,背部焊道两侧的黑色影像
	焊缝超高	焊缝正中的灰白色突起
	下塌	单面焊,背部焊道正中的灰白色影像
	焊瘤	焊缝边缘的灰白色突起
	错边	焊缝一侧与另一侧的黑色的黑度值不同,有一明显界限
	下垂	焊缝表面的凹槽,黑度值较高的一个区域
	烧穿	单面焊,背部焊道由于熔池塌陷形成孔洞,在底片上为黑色影像
	缩根	单面焊,背部焊道正中的沟槽,呈黑色影像
其他缺陷	电弧擦伤	母材上的黑色影像
	飞溅	灰白色圆点
	表面撕裂	黑色条纹
	磨痕	黑色影像
	凿痕	黑色影像

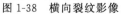

图 1-38 横向裂纹影像　　　　　　图 1-39 纵向裂纹影像

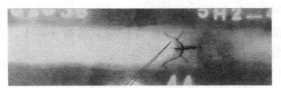

图 1-40 弧坑裂纹影像

(a) 根部未熔合影像

(b) 坡口未熔合影像

(c) 层间未熔合影像

图 1-41 未熔合影像

图 1-42 未焊透影像

图 1-43 条状夹渣影像

图 1-44 夹钨影像

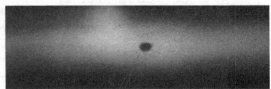

图 1-45 球形气孔影像

三、焊接接头的质量等级评定

现结合标准 JB/T 4730.2—2005，介绍承压设备熔化焊对接接头质量分级的有关规定。

1. 质量分级的规定

质量分级的规定包括质量验收标准对质量级别的设立和各质量级别的具体要求。

图 1-46 链状气孔影像

关于各质量级别的具体要求一般包括下面四个方面。

（1）缺陷类型 一般将缺陷分为允许性缺陷和不允许性缺陷，即规定了各质量级别允许存在的缺陷和不允许存在的缺陷。对不允许存在的缺陷不讨论其尺寸大小和数量等；对允许存在的缺陷，则按照缺陷的类型、尺寸、数量和位置等作进一步规定。

（2）缺陷评定区 对允许存在的缺陷，评定质量级别时所规定的评定缺陷允许程度的区域，一般是一个面积单元或长度单元，以这个单元中缺陷的数据对质量级别作出评定。

质量验收标准中对评定区的规定包括评定区的尺寸大小和评定区选取的原则。

不同类型缺陷的评定区可能不同，一般评定区都是选在缺陷最严重的区域。分段透照时，必须注意将各段连接起来考虑，才能正确地选定评定区。

（3）缺陷允许程度 一般都包括允许的缺陷尺寸（在不同位置可能不同）、允许的缺陷数量（在评定区内和整个工件上）、允许的缺陷密集程度（常为缺陷间距和在评定区内允许的最多数量），有时还会包括缺陷允许的位置，如缺陷与工件某些特定部位的距离等。

（4）综合评级（组合缺陷） 规定不同类型缺陷同时出现在评定区时的评级方法。

2. 质量分级评定的基本步骤

① 首先考虑缺陷类型，判断是否存在不允许存在的缺陷，以便直接确定质量级别。

② 对允许存在的缺陷，首先确定是否存在尺寸超过质量级别规定的情况。

③ 确定可能的评定区（有时不进行具体计算难以确定缺陷最严重的部位），对可能的评定区按缺陷类型分别进行质量分级。

④ 考虑应进行的综合评级。

⑤ 最后，根据以上所得到的结果，来判定质量级别。

3. 底片上缺陷影像的定性、定量规定

（1）定性规定 根据 JB/T 4730.2—2005 规定，底片上评定区域内仅对气孔、夹渣、未焊透、未熔合、裂纹五种缺陷影像进行定性、定位和定级。并对气孔、夹渣又按其长、宽尺寸比（L/W）分为圆形缺陷（$L/W \leqslant 3$）和条状缺陷（$L/W > 3$）。并依据缺陷的危害安全程度对缺陷性质进行分级限定。

（2）定量规定 标准 JB/T 4730.2—2005 仅对缺陷影像的单个长度、直径及其总量进行分级限定，未对缺陷自身高度（沿板厚方向）即黑度大小进行限定。

4. 底片上缺陷影像的级别规定

JB/T 4730.2—2005 标准依据缺陷对安全性能危害程度将其性质和数量分为如下四个等级。

① Ⅰ级焊接接头中不允许存在裂纹、未熔合、未焊透、条形缺陷。

② Ⅱ级和Ⅲ级焊接接头中不允许存在裂纹、未熔合和未焊透。

③ 焊接接头中缺陷超过Ⅲ级者评为Ⅳ级。

④ 当各类缺陷评定的质量级别不同时，以质量最差的级别作为焊接接头的质量级别。

5. 缺陷影像的评级方法

（1）圆形缺陷的等级评定

① 圆形缺陷的评定区：按母材公称厚度分三种评定区，具体见表1-12。

表 1-12 缺陷评定区

母材公称厚度 T/mm	$\leqslant 25$	$>25 \sim 100$	>100
评定区尺寸/mm	10×10	10×20	10×30

② 评定区选择原则：评定区应选缺陷最严重部位；评定区框线的长边应与焊缝轴线平行。

③ 评定区内缺陷的计量方法：与框线相割计入全部量，与框线外切的不计；将计入框内的圆形缺陷按标准换算成缺陷点数（表 1-13），大小以长径计算；不计点数的圆形缺陷尺寸见表 1-14。

表 1-13　缺陷点数换算

缺陷长径/mm	≤1	>1~2	>2~3	>3~4	>4~6	>6~8	>8
缺陷点数	1	2	3	6	10	15	25

表 1-14　不计点数的圆形缺陷尺寸

母材公称厚度 T/mm	缺陷长径/mm	母材公称厚度 T/mm	缺陷长径/mm
$T \leqslant 25$	≤0.5	$T > 50$	≤1.4%T
$25 < T \leqslant 50$	≤0.7		

④ 圆形缺陷评级方法：依据换算出的缺陷点数对照标准确定级别（表 1-15）。

表 1-15　各级允许的圆形缺陷最多点数

评定区/mm	10×10			10×20		10×30
母材公称厚度 T/mm	≤10	>10~15	>15~25	>25~50	>50~100	>100
Ⅰ级	1	2	3	4	5	6
Ⅱ级	3	6	9	12	15	18
Ⅲ级	6	12	18	24	30	36
Ⅳ级	缺陷点数大于Ⅲ级或缺陷长径大于 $T/2$					

注：当母材公称厚度不同时，取较薄板的厚度。

⑤ 由于材质或结构等原因，进行返修可能会产生不利后果的焊接接头，经合同各方同意，各级别的圆形缺陷点数可放宽 1~2 点。

⑥ 对致密性要求高的焊接接头，制造方底片评定人员应考虑将圆形缺陷的黑度作为评级的依据，将黑度大的圆形缺陷定义为深孔缺陷，当焊接接头存在深孔缺陷时，焊接接头质量评为Ⅳ级。

⑦ 当缺陷的尺寸小于表 1-14 的规定时，分级评定时不计该缺陷的点数。质量等级为Ⅰ级的焊接接头和母材公称厚度 $T \leqslant 5$mm 的Ⅱ级焊接接头，不计点数的缺陷在圆形缺陷评定区内不得多于 10 个，超过时焊接接头质量等级应降低一级。

（2）条形缺陷的等级评定

① 单个条形缺陷的等级评定：单个条形缺陷评级规定示意图如图 1-47 所示。

a. 单个条形缺陷长度的测定。在一直线（无宽度范围）上，相邻条形缺陷的间距（指较小的条形缺陷与左右相邻两条形缺陷的间距）≤较短条形缺陷的长度时，应作为一个条形缺陷处理，其间距也应计入条形缺陷的长度中。

b. 单个条形缺陷长度 L（mm）占母材公称厚度 T（mm）的比值规定。

Ⅱ级：12mm<T≤60mm，L≤$T/3$。

Ⅲ级：9mm<T≤45mm，$T/3$<L≤$2T/3$。

Ⅳ级：L>$2T/3$。

c. 单个条形缺陷最小允许量（对薄板而言）规定。

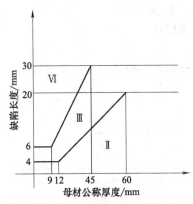

图 1-47　单个条形缺陷评级规定示意图

Ⅱ级：$T \leqslant 12mm$，$L_{min} = 4mm$。

Ⅲ级：$T \leqslant 9mm$，$L_{min} = 6mm$。

d. 单个条形缺陷最大允许量（对厚板而言）规定。

Ⅱ级：$T \geqslant 60mm$，$L_{max} = 20mm$。

Ⅲ级：$T \geqslant 45mm$，$L_{max} = 30mm$。

② 条形缺陷组的评级。

a. 组的构成。在与焊缝方向（轴线方向）平行的条形缺陷评定区内，其相邻间距均不超过 $6L_{max}$（Ⅱ级）、$3L_{max}$（Ⅲ级）时，才能成为一组（L_{max} 为该组条形缺陷中最长缺陷本身的长度）。

b. 条形缺陷组评定区见表 1-16。

表 1-16　条形缺陷组评定区

母材公称厚度 T/mm	$T \leqslant 25$	$25 < T \leqslant 100$	$T > 100$
宽度/mm	4	6	8
长度/mm	Ⅱ级为 $12T$，Ⅲ级为 $6T$		

注：当母材公称厚度不同时，取薄板的厚度值。

c. 条形缺陷组的评定方法。

ⅰ. 先对条形缺陷组中最大的单个条形缺陷进行评定、定级。

ⅱ. 对条形缺陷组总量进行评定、定级。

Ⅱ级可能性分析：缺陷间距均 $\leqslant 6L_{max}$，评定范围 $12T$ 内，$L_{总} \leqslant T$，最小可为 4mm。

Ⅲ级可能性分析：缺陷间距均 $\leqslant 3L_{max}$，评定范围 $6T$ 内，$L_{总} \leqslant T$，最小可为 6mm。

$L_{总} > T$ 时为Ⅳ级。

评定范围（焊缝长）不足 $6T$ 或 $12T$ 时，应按长度比例折算，即：

$$12T(6T)：焊缝长 = T：L_x \quad 或 \quad L_x = 焊缝长 \times T/12(6)$$

式中　L_x——折算后允许组夹渣总量，且 L_x 不小于单个条形缺陷长度的允许量。

ⅲ. ⅰ、ⅱ中严重者为最终级别。

③ 若一张底片上有多个条形缺陷组时，每个组均应分别评级。

（3）综合评级　在圆形缺陷评定区内同时存在圆形缺陷和条形缺陷时应进行综合评级。方法是：对圆形缺陷和条形缺陷分别评定级别，将两者之和减一作为综合评级的级别（即最终级别）。

四、射线照相检测记录与报告

评片人员应对射线照相检测结果及有关事项进行详细记录并出具报告，其主要内容包括如下几方面。

① 产品情况：工程名称、试件名称、规格尺寸、材质、设计制造规范、检测比例部位、执行标准、验收、合格级别。

② 透照工艺条件：射线源种类、胶片型号、增感方式、透照布置、有效透照长度、曝光参数（管电压、管电流、焦距、时间）、显影条件（温度、时间）。

③ 底片评定结果：底片编号、像质情况（黑度、像质指数、标记、伪缺陷）。

④ 缺陷情况（缺陷性质、尺寸、数量、位置）、焊缝级别、返修情况、最终结论。

⑤ 评片人签字、日期。

⑥ 照相位置布片图。

任务实施

一、准备工作

① 检查所用仪器、工具、材料。

② 检查评片室的光照度，评片室内的光线应暗淡，但不全暗，室内照明用光不得在底片表面产生反射。

二、底片评定

① 在底片有效评定区内，测量黑度最大值（中）和最小值（端），其黑度范围（1.5～4.0）满足现行标准的要求。

② 测量底片黑度和观察底片像质指数，识别标记、定位标记的摆放位置和数量，有无化学污染、机械划伤、水渍、指痕等伪缺陷。

③ 通览底片时的影像分析要点

a. 辨认焊接方法：小径管焊口多采用手工焊，由根部成形情况判断是否用氩弧焊打底。

b. 辨认焊接位置：根据焊缝波纹判断水平固定、垂直固定或是滚动焊；如果是水平固定，找出起弧的仰焊位置和收弧的平焊位置。

c. 确定有效评定范围：根据黑度和灵敏度情况判断检出范围是否达到90％。

d. 辨明投影位置：焊缝根部投影位于椭圆影像的内侧；根据影像放大或畸变情况以及清晰程度有时可分辨出上焊缝和下焊缝。

④ 缺陷定性时的影像分析要点。

a. 常见缺陷：裂纹、根部未熔合、未焊透、夹渣、气孔、焊穿、内凹、内咬边。

b. 常见形状缺陷：焊瘤、弧坑、咬边。

c. 影像位置：一般规律为根部裂纹、未熔合、未焊透、线状气孔、内凹、内咬边、烧穿都发生在焊缝根部，底片上的位置处于椭圆内侧；内凹一般在仰焊位置；根部焊瘤、焊漏、弧坑在平焊位置。

d. 观察影像的主要特征和细节特征。

注意未焊透与内凹的区别，烧穿、弧坑与气孔的区别，线状气孔与裂纹的区别。

⑤ 缺陷定量。

缺陷的定量底片评定记录见表1-17。

表 1-17　底片评定记录

序号	焊缝编号	底片编号	相交焊接接头	底片黑度 D	应识别钢丝号	板厚/mm	一次透照长度/mm	缺陷性质及数量	评定级别	底片质量问题	拍片日期
	产品名称				部件名称				制造编号		
1	B1	2-2	φ45	3.5	14	3.5	71	未发现缺陷	Ⅰ		1.15
2	B1	3-1	φ45	3.5	14	3.5	71	未发现缺陷	Ⅰ		1.15
3	B1	3-2	φ45	3.5	14	3.5	71	未发现缺陷	Ⅰ		1.15
4	B1	4-1	φ45	3.5	14	3.5	71	未发现缺陷	Ⅰ		1.15
5	B1	4-2	φ45	3.5	14	3.5	71	未发现缺陷	Ⅰ		1.15
6	B2	1-1	φ45	3.5	14	3.5	71	未发现缺陷	Ⅰ		1.15
7	B2	1-2	φ45	3.5	14	3.5	71	未发现缺陷	Ⅰ		1.15
8	B2	2-1	φ45	3.5	14	3.5	71	未发现缺陷	Ⅰ		1.15
9	B2	2-2	φ45	3.5	14	3.5	71	未发现缺陷	Ⅰ		1.15
10	B2	3-1	φ45	3.5	14	3.5	71	圆缺2点	Ⅱ		1.15
11	B2	3-2	φ45	3.5	14	3.5	71	未发现缺陷	Ⅰ		1.15
12	B2	4-1	φ45	3.5	14	3.5	71	未发现缺陷	Ⅰ		1.15
13	B2	4-2	φ45	3.5	14	3.5	71	未发现缺陷	Ⅰ		1.15
14	B3	1-1	φ45	3.5	14	3.5	71	未发现缺陷	Ⅰ		1.15
15	B3	1-2	φ45	3.5	14	3.5	71	未发现缺陷	Ⅰ		1.15

检测人：　　资格：Ⅱ　　　　　初评人：　　资格：Ⅱ　　　　　复评人：　　资格：Ⅱ

资格证号：　　　　　　　　　资格证号：　　　　　　　　　资格证号：

　　　2015 年 1 月 17 日　　　　　　2015 年 1 月 17 日　　　　　　2015 年 1 月 17 日

任务评价

评分标准见表 1-18。

表 1-18　评分标准

序号	考核内容	评分要素	配分	评分标准	扣分	得分
1	准备工作	检查所用仪器、工具、材料	3	未检查不得分		
		检查评片室的光照度,评片室内的光线应暗淡,但不全暗,室内照明用光不得在底片表面产生反射	3	未检查光照度扣2分;室内照明用光在底片表面产生反射扣1分		
		检查所有评片器具是否齐全完好、清洁、干燥,包括评片桌、观片灯、黑度计、一年内校定的黑度片、评片尺、记录纸、有关标准	10	未检查评片桌、观片灯、黑度计、一年内校定的黑度片、评片尺、记录纸少一项扣1分,扣完为止		
		用标准黑度片检查校对黑度计,校准后的黑度计读数误差不大于0.05	4	未校对黑度扣2分,黑度计读数误差大于0.05扣2分		
2	射线底片评定	在底片有效评定区内,测量黑度最大值(中)和最小值(端),其黑度范围(1.5~4.0)满足现行标准的要求	5	测量黑度范围不在1.5~4.0之间,且测量不准确,每张片扣1.5分,扣完为止		
		测量底片黑度和观察底片像质指数,识别标记、定位标记的摆放位置和数量,有无化学污染、机械划伤、水渍、指痕等伪缺陷	15	未测量底片黑度和观察底片像质指数,识别标记、定位标记摆放位置和数量,未找出化学污染、机械划伤、水渍、指痕等伪缺陷一张扣1.5分,扣完为止		
		应先从危害性缺陷开始,如裂纹、未熔合、未焊透等进行辨认	20	未先从危害性缺陷开始辨认,漏检一张扣1分,扣完为止		
		对缺陷定性	20	未定性或定性错误,每张扣2分,扣完为止		
		缺陷定量	20	缺陷定量错误,每张扣2分,扣完为止		
	合计		100			

综　合　训　练

一、是非题（在题后括号内，正确的画○，错误的画×）

1. X 射线和 γ 射线是电磁辐射；中子射线是粒子辐射。　　　　　　　（　　）

2. 活度是描述放射同位素不稳定程度的量，它表示单位时间内核发生的衰变数。

（　　）

3. 光电效应中光子被部分吸收，而康普顿效应中光子被完全吸收。　（　　）

4. 发生康普顿效应时，电子获得光子的部分能量以反冲电子的形式射出。同时，光子的能量减小，方向也改变了，成为低能散射线。　　　　　　　　　　（　　）

5. 当光子能量大于或等于 1.02MeV 时，与物质相互作用才产生电子对效应。（　　）

6. γ 射线检测机按机体机构可分为直通道形式和 S 通道形式。　　　（　　）

7. 潜影的产生是银离子接受电子还原成银的过程。　　　　　　　　（　　）

8. 胶片灰雾度是指曝光量为零时底片的黑度。　　　　　　　　　　（　　）

9. 增感系数是指其他条件不变时，使用增感屏与不使用增感屏所需曝光时间之比。

（　　）

10. 像质计是用来检查透照技术和胶片处理质量的，衡量该质量的数值是识别丝号，它等于底片上能识别出的最细钢丝的线编号。　　　　　　　　　　　（　　）

11. 透照厚度比 K 定义为一次透照长度范围内射线束穿过母材的最大厚度与最小厚度

之比。　　　　　　　　　　　　　　　　　　　　　　　　　　　　（　　）

12. A 级、AB 级纵向对接焊接接头的 K 值应不大于 1.01。　　　　（　　）

13. 搭接长度 ΔL 是指底片上搭接标记至底片端头的距离。　　　（　　）

14. X 射线检测时，AB 级射线检测技术曝光量的推荐值应不小于 15mA·min。（　　）

15. 小径管是指内直径小于或等于 100mm 的管子。　　　　　　　　（　　）

16. 显影时间过长，会导致影像灰雾度过大。　　　　　　　　　　　（　　）

17. 显影液是碱性的，定影液是酸性的。　　　　　　　　　　　　　（　　）

18. 把显影后的胶片直接放入定影液，易产生不均匀的条纹，易使定影液失效。（　　）

19. 为检查背散射，在暗盒背面贴附一个"B"铅字，若在较黑背景上出现"B"的较淡影像，就说明背散射防护不良，应予重照；如在较淡背景上出现"B"的较黑影像，则不作底片判废的依据。　　　　　　　　　　　　　　　　　　　　　　（　　）

20. 为检查底片的灵敏度，每张底片上都必须有像质计。　　　　　　（　　）

21. 长宽比小于或等于 3 的缺陷定义为圆形缺陷。长宽比大于 3 的缺陷定义为条形缺陷。　　　　　　　　　　　　　　　　　　　　　　　　　　　（　　）

22. 钢制承压设备对接焊接接头中，在圆形缺陷评定区内同时存在圆形缺陷和条形缺陷时，应进行综合评级。　　　　　　　　　　　　　　　　　　　　（　　）

二、问答题

1. 简述 X 射线和 γ 射线的性质。

2. 什么是光电效应？

3. 什么是康普顿效应？

4. X 射线机在使用过程中应注意哪些事项？

5. 简述 γ 射线检测设备的组成。

6. 射线胶片由哪几部分构成？

7. 射线检测胶片在保管过程中应注意哪些问题？

8. 金属增感屏有哪些作用？

9. 什么是像质计？像质计有哪几种类型？

10. 选择焦距要考虑哪些因素？

11. 选择透照方式要考虑哪些因素？

12. 什么是曝光曲线？

13. 显影液主要由哪几种成分组成？各种成分的作用是什么？

14. 为什么显影之后必须进行停显处理？

15. 定影液主要由哪几种成分组成？各种成分的作用是什么？

16. 对底片质量的基本要求是什么？

17. 裂纹按其形态可分为几种？裂纹在底片上的影像一般特征是什么？

18. 现有一板厚 22mm 的焊缝底片，长 360mm，在平行于焊缝的一直线上仅有 7mm 和 5mm 两条夹渣，其间距为 4mm，按 JB/T 4730.2—2005 应评为几级？

模块二　超声波检测

超声波检测是利用超声波能在弹性介质中传播，在界面上产生反射、折射等特性来检测材料内部或表面缺陷的检测方法。利用压电效应在探头的压电晶片上产生高频脉冲超声波在工件中传播，遇缺陷反射回压电晶片使其产生高频电脉冲，经仪器接收放大在示波屏上显示出缺陷回波，从而发现缺陷。超声波检测不但检测厚度大，而且灵敏度高，速度快，成本低，能对缺陷准确定位和对缺陷定当量。超声波对人体无害。然而超声波检测，缺陷显示不直观，检测技术难度大，易受主、客观条件的影响，检测结果不便保存。随着超声波检测新技术的研发，数字化、自动化、三维成像、相控阵等新技术的应用，用超声波检测来评价被检物的质量，将会变得愈来愈可靠。

项目一　超声波检测基础知识

学习目标
- 了解机械波的产生原理。
- 熟悉超声波的分类。
- 掌握超声波的传播特性及衰减原因。

一、机械波

1. 机械波的产生

振动的传播过程称为波动，现实生活中，经常看到水波、声波等在介质中的传播现象，那么机械波是如何实现传播的？机械波传播时必要的条件是什么呢？

可用如图 2-1 所示的弹性模型说明机械波的产生和传播原理，图中的圆点代表质点，质点间以小弹簧联系在一起，构成一种弹性体系，这种质点间以弹性力联系在一起的介质称为弹性介质。当某一质点 A 受到外力 F 作用时，A 就会离开平衡位置而运动，这时 A 周围的质点将对 A 产生弹性力的作用使 A 回到平衡位置，当 A 回到平衡位置时，具有一定的速度，由于惯性，A 又离开平衡位置继续向前运动，这时，A 又受到反方向弹性力的作用，使 A 再回到平衡位置，就这样，质点 A 在平衡位置附近作往复运动，产生振动。同时，A 周围的质点受到大小相同、方向相反的弹性力的作用，使它们离开平衡位置，并在各自的平衡位置附近振动，这样弹性介质中的一个质点的振动就会引起邻近质点的振动，邻近质点的振动又会引起较远质点的振动，于是振动就以一定的速度由近及远地向各个方向传播，从而就形成了机械波动，简称为机械波。

通过以上分析可知，产生机械波的必要条件有两个：要有作机械振动的波源，即有一个力使质点在其平衡位置附近作往复运动；要有能传播机械振动的弹性介质。

由此可见，机械振动与机械波是互相关联的，振动是波动的根源，而波动是振动的传播。在机械波传播的过程中，各质点在其平衡位置附近作往复运动，并不随着机械波的传播而向前运动。因此，机械波的传播是振动和能量的传播。

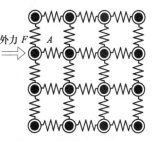

图 2-1　弹性介质模型

液体和气体也能传播机械波，液体与气体介质中的弹性波是由液体和气体受到压力时的体积收缩和膨胀产生的。

2. 描述机械波的物理量

描述机械波的物理量主要有周期、频率、波长和波速。

（1）周期 在波动过程中，任意一个质点完成一个完整波的传播过程所需的时间称为周期，常用 T 来表示，单位常用 s。

（2）频率 波动过程中，任意给定在 1s 内所通过的完整波的个数，称为波动频率，用 f 表示，单位为 Hz。波动频率在数值上等于振动频率，机械波在传播过程中，其周期和频率是不变的。

（3）波长 同一波线上相邻两振动相位相同的质点间的距离，称为波长，用 λ 表示，常用单位为 mm。波源或介质任一质点完成一次全振动，波正好前进一个波长的距离。两个相邻的波峰（或两个相邻波谷）之间的距离正好是一个波长。

（4）波速 是指在单位时间内波在介质中所传播的距离，用 c 表示，常用单位为 m/s。

波长、波速、频率、周期之间的关系为

$$\lambda = \frac{c}{f} = cT \tag{2-1}$$

由式（2-1）可知，波长与波速成正比，与频率成反比。当频率一定时，波速愈大，波长就愈长；当波速一定时，频率愈低，波长就愈长。

3. 波的叠加、干涉和衍射

（1）波的叠加原理 当几列波同时在同一介质中传播时，如果在某些点相遇，每列波能保持各自的传播规律而不互相干扰。在波的重叠区域里各点的振动的物理量等于各列波在该点引起的物理量的矢量和。相遇后各列声波仍保持各自原有的频率、波长、幅度、传播方向等特性继续前进，好像各自的传播过程中没有遇到其他波一样。

（2）波的干涉现象 当两列由频率相同、振动方向相同、相位相同或相位差恒定的波源发出的波相遇时，声波的叠加会出现一种特殊的现象，即：合成声波的频率与两列波相同；合成声压幅度在空间中不同位置随两列波的波程差呈周期性变化，某些位置振动始终加强，而另一些位置振动始终减弱。合成声压的最大幅度等于两列波声压幅度之和，最小幅度等于两列波声压幅度之差。这种现象称为波的干涉现象，如图 2-2 所示。产生干涉现象（频率相同、振动方向相同、相位相同或相位差恒定）的波称为相干波，产生相干波的波源称为相干波源。

波的叠加原理是波的干涉现象的基础，波的干涉是波动的重要特征。在超声检测时，在近场区，由于超声波在声源附近产生干涉现象，使该区域声压出现极大值和极小值。

（3）波的衍射现象 如图 2-3 所示，超声波在介质中传播时，若遇到缺陷 AB，根据惠

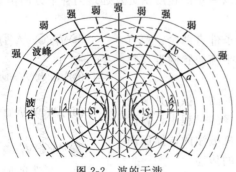

图 2-2 波的干涉

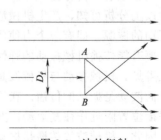

图 2-3 波的衍射

更斯原理，缺陷边缘 A、B 可以看作是发射子波的波源，使波的传播方向改变，从而使缺陷背后的声影缩小，反射波降低。

波的绕射和障碍物尺寸 D_f 及波长 λ 的相对大小有关。当 $D_f \ll \lambda$ 时，波的绕射强，反射弱，缺陷回波很低，容易漏检。当 $D_f \gg \lambda$ 时，波的绕射弱，反射强，声波几乎全反射。故超声波波长越短，能发现的障碍物尺寸越小。例如，同材料的横波比纵波检测分辨力高，但对材料的穿透能力差。波的绕射对检测既有利又不利。在粗晶材料低频检测时，利用波的绕射，使超声波产生对晶粒绕射顺利地在介质中传播，这对检测是有利的，但同时由于波的绕射，使一些小缺陷反射波显著下降，以致造成漏检，这对检测是不利的。

二、超声波

通常把频率低于 $20Hz$ 的声波称为次声波，而频率高于 $20kHz$ 的声波称为超声波。

1. 超声波的分类

（1）根据质点的振动方向与波传播方向的关系分类

① 纵波 L　介质质点的振动方向与波的传播方向相平行的波，称为纵波。

当介质质点受到交变正应力作用时，质点之间产生相应的伸缩形变或体积变化，这种变化又会产生弹性恢复力，从而形成纵波。这时介质质点疏密相间，所以纵波又称为压缩波或疏密波。

凡能承受拉伸或压缩应力的介质都能传播纵波。固体介质能承受拉伸或压缩应力，因此固体介质可以传播纵波。液体和气体虽然不能承受拉伸应力，但能承受应力产生容积变化，因此液体和气体介质也可以传播纵波。

② 横波 S　介质质点的振动方向与波的传播方向相互垂直的波，称为横波。

当介质质点受到交变的切应力作用时，介质产生切变形变，从而形成横波，所以横波又称为切变波。根据形成横波时质点振动平面与超声波传播方向的关系，横波又分为垂直偏振横波（SV 波）和水平偏振横波（SH 波）。由于只有固体才能承受切应力，液体和气体不能承受切应力，所以只有固体能传播横波，而液体和气体不能传播横波。

③ 表面波 R　当介质表面受到交变应力时，产生沿介质表面传播的波，称为表面波。表面波是介质仅在半无限大固体介质的表面或其他介质的界面及其附近传播而不深入到固体内部传播的波型总称。瑞利在 1887 年发现了在半无限大固体介质与气体或液体介质的交界面上产生，并沿界面传播的一种波型，这类表面波质点沿椭圆轨迹振动，是纵向振动和横向振动的合成，椭圆的长轴垂直于波的传播方向，短轴平行于波的传播方向。这类波又称为瑞利波。表面波与横波一样，只能在固体中传播，不能在液体和气体中传播。当传播深度超过两倍波长时，质点的振动能量下降很快，它只能发现距工件表面两倍波长深度范围内的缺陷。

④ 板波　在板厚与波长相当的薄板中传播的波，称为板波。

根据质点的振动方向不同，可将板波分为 SH 波和兰姆波。

SH 波是水平偏振的横波在薄板中传播的波，薄板中各质点的振动方向平行于板面而垂直于波的传播方向，相当于固体介质表面中的横波。

兰姆波分为对称型和非对称型。对称型兰姆波的特点是薄板中心质点作纵向振动，上下表面质点作椭圆运动，振动相位相反并对称于中心。非对称型兰姆波的特点是薄板中心质点作横向运动，上下表面质点作椭圆运动，相位相同，不对称。

超声波检测中常用的波型及特性如表 2-1 所示。

表 2-1 超声检测中常用的波型及特性

波的类型		质点振动与波的传播方向	传播介质	应 用
纵波(压缩波)		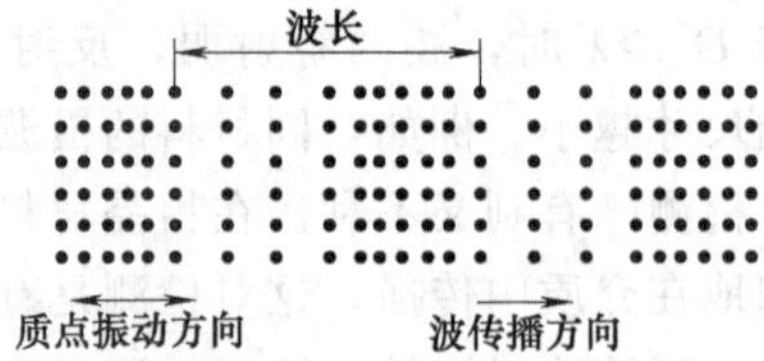 波长 质点振动方向　波传播方向	固、液、气体	钢板、锻件检测等
横波	垂直偏振(SV 波)	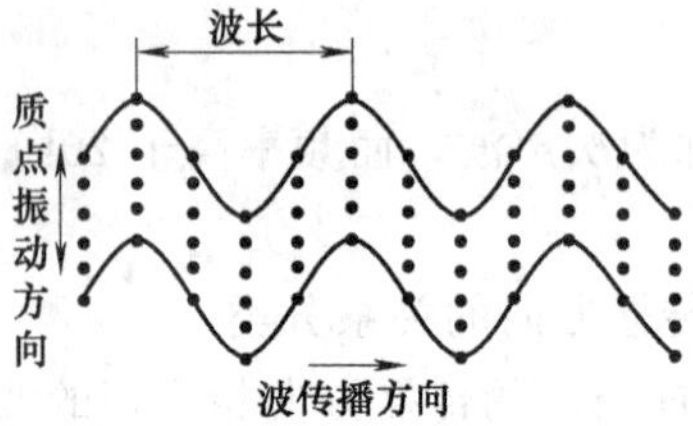 波长 质点振动方向 波传播方向	固体	焊接接头、钢管检测等
	水平偏振(SH 波)	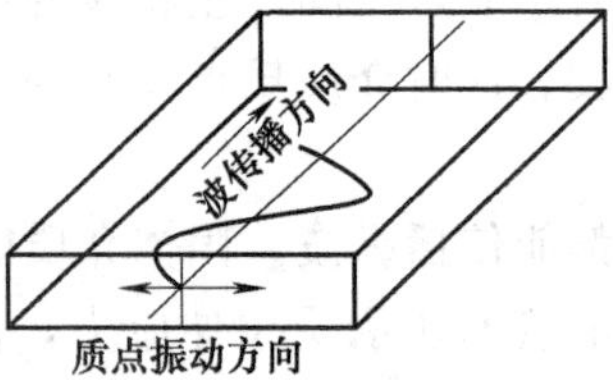 波传播方向 质点振动方向	固体	
表面波(瑞利波)		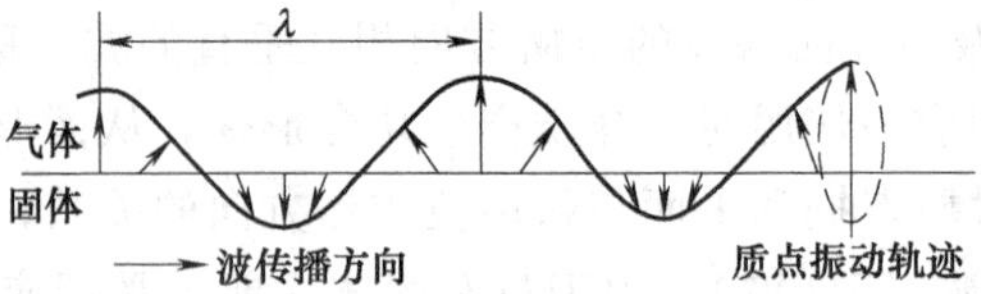 λ 气体 固体 波传播方向　质点振动轨迹	固体表面,且固体的厚度远大于波长	钢管检测等
板波(兰姆波)	对称型(S 型)	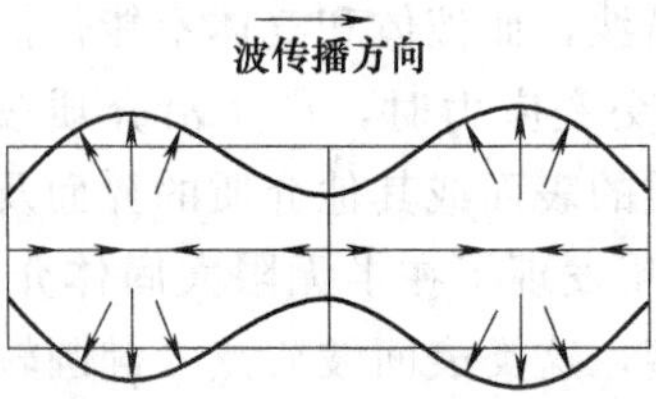 波传播方向	固体介质(厚度为几个波长的薄板)	薄板、薄壁钢管等(一般 δ<6mm)
	非对称型(A 型)	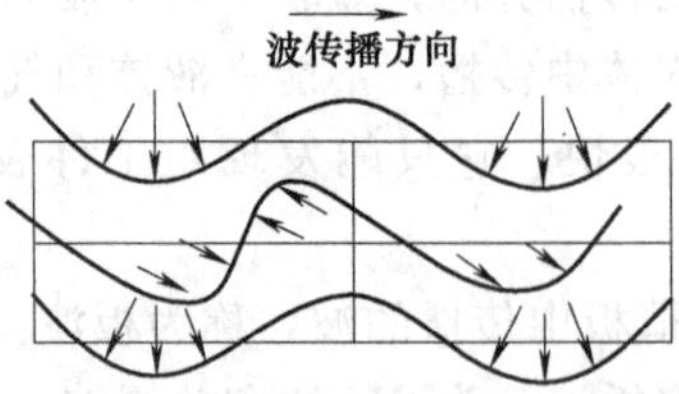 波传播方向		

　　(2) 根据波阵面的形状分类　超声波由声源向周围传播扩散的过程可用波阵面进行描述。在无限大且各向同性的介质中,振动向各方向传播,人们用波线表示波的传播方向;将同一时刻介质中振动相位相同的所有质点所连成的面称为波阵面;某一时刻振动传播到达的距声源最远的各点所连成的面称为波前。

　　① 平面波　如图 2-4 所示,波阵面为相互平行的平面的波称为平面波。平面波是声源为无限大平面在各向同性的弹性介质中传播的波。理想的平面波是不存在的,但如果声源平

面的二维尺寸远大于声波波长,该声源发出的波可近似地看作平面波。平面波的波束不扩散,各质点振幅是一个常数,不随距离而变化。

②柱面波　波阵面为同轴圆柱面的波称为柱面波。柱面波的波源为一条线,如图2-5所示,长度远大于波长的线状波源在各向同性的介质中辐射的波可视为柱面波。柱面波波束向四周扩散,柱面波各质点的振幅与距离平方根成反比。

③球面波　波阵面为同心球面的波,称为球面波,如图2-6所示。当声源是一个点状波源时,在各向同性介质中的波阵面为以声源为中心的球面。球面波向四面八方扩散,即使不考虑介质对声波能量的吸收,单位面积上的能量也会随着波阵面的扩大而减小,可以证明,球面波中质点的振动幅度与距声源的距离成反比。当声源的尺寸远小于测量点与声源的距离时,可以把声波看成球面波。

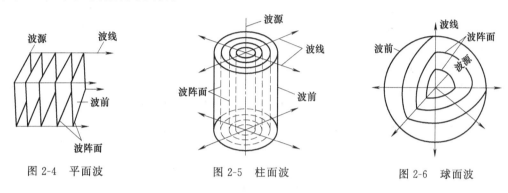

图 2-4　平面波　　　　　图 2-5　柱面波　　　　　图 2-6　球面波

(3) 根据振动的持续时间分类

① 连续波　波源持续不断地振动所发射的波称为连续波,如图2-7 (a) 所示。超声波穿透法检测时常采用连续波。

② 脉冲波　波源振动持续时间很短 (通常是微秒数量级)、间歇发射的波称为脉冲波,如图2-7 (b) 所示。脉冲波是目前超声检测中广泛采用的波型。

2. 超声波的特性

(1) 指向特性　超声波像光波一样在介质中沿直线传播,超声波的声束集中在特定的方向上,具有良好的指向性,有利于检测时发现缺陷并对缺陷准确定位。

(2) 反射、折射和波型转换的特性　超声波在传播过程中,当遇到两种物质的异质界面时,能在界面上产生反射、折射和波型转换。

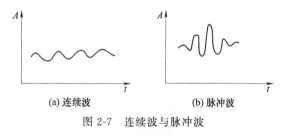

(a) 连续波　　　　　(b) 脉冲波

图 2-7　连续波与脉冲波

(3) 穿透特性　超声波在大多数介质中传播时,传播能量损失小,传播距离大,穿透能力强,在一些金属材料中其穿透能力可达数米。

(4) 能量高　理论研究表明,在振幅相同的情况下,一个物体振动的能量与振动的频率平方成正比,而超声波的频率远远高于声波的频率,因此超声波的能量远大于声波的能量。

3. 超声场的特征值

介质中有超声波存在的区域称为超声场。超声场具有一定的空间大小和形状,描述超声场的特征值 (即物理量) 主要有声压、声阻抗、声强。

(1) 声压　超声场中某一点在某一时刻的压强 p_1 与没有超声场存在时的静态压强 p_0

之差，称为该点的声压，用 p 表示，即 $p = p_1 - p_0$。

声压的单位为 Pa、μPa。

超声场中，每一点的声压是一个随时间和距离变化的量，可以证明，对于无衰减的平面余弦波来说，声压可用下式表示：

$$p = -\rho c A \omega \sin\omega\left(t - \frac{x}{c}\right) \tag{2-2}$$

声压的幅值为

$$p = A\rho c\omega = \rho c u \tag{2-3}$$

式中　ρ——介质的密度；

　　　　c——介质的声速；

　　　　A——质点位移振幅；

　　　　ω——角频率；

　　　　u——质点振动速度。

在实际应用上，比较两个超声波并不需要对每个时刻 t 的声压进行比较，真正代表超声波强弱的是声压幅值，超声波检测仪器显示的信号幅值的本质就是声压 p，示波屏上的波高与声压成正比，在超声波检测时，声压值反映了缺陷的大小。

（2）声阻抗　超声场中任一点的声压与该处质点振动速度之比称为声阻抗，常用 Z 表示：

$$Z = p/u = \rho c u/u = \rho c \tag{2-4}$$

在同一声压 p 的情况下，声阻抗越大，质点的振动速度 u 越小；反之，声阻抗越小，质点的振动速度 u 越大。因此声阻抗可以理解为介质对质点振动的阻碍作用。

声阻抗能直接表示介质的声学性质，当超声波从一种介质进入另一种介质以及在界面上的反射、折射和透射情况都与两种介质的声阻抗密切相关。

由于大多数材料的密度和声速随着温度的升高而降低，材料的声阻抗就会受到温度的影响，也随着温度的升高而降低。

（3）声强　单位时间内垂直通过单位面积的声能称为声强，常用 I 表示。单位是 W/cm^2 或 J/$(cm^2 \cdot s)$。

当超声波传播到介质中某处时，该处原来静止不动的质点开始振动，因而具有动能。同时该处介质产生弹性变形，因而也具有弹性位能，其总能量为两者之和。

三、超声波在异质界面的反射、透射、折射与波型转换

1. 超声波垂直入射到单一平界面时的反射和透射

当超声波垂直入射到两种介质的界面时，如图 2-8 所示，一部分能量透过界面进入第二种介质，成为透射波（声强为 I_t），波的传播方向不变；另一部分能量则被界面反射回来，沿与反射波相反的方向传播，成为反射波（声强为 I_r）。

界面上反射声压 p_r 与入射声压 p_0 之比称为界面的声压反射率，用 r 表示，即 $r = p_r/p_0$。

界面上透射声压 p_t 与入射声压 p_0 之比称为界面的声压透射率，用 t 表示，即 $t = p_t/p_0$。

根据超声波传播的连续性，在界面处的质点应满足如下条件：根据力的平衡原理，界面两侧的总声压相等，故有 $p_0 +$

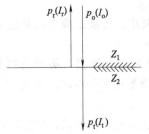

图 2-8　超声波垂直入射到单一平界面时的反射与透射

$p_r = p_t$；界面上质点的振动速度幅值相等，故 $(p_0 - p_r)/Z_1 = p_t/Z_2$。

由上述两边界条件和声压反射率、透射率定义得

$$1 + r = t$$
$$(1 - r)/Z_1 = t/Z_2$$

由上述方程解得

$$\begin{cases} r = \dfrac{P_r}{P_0} = \dfrac{Z_2 - Z_1}{Z_2 + Z_1} \\ t = \dfrac{P_t}{P_0} = \dfrac{2Z_2}{Z_2 + Z_1} \end{cases} \tag{2-5}$$

式中　Z_1——第一种介质的声阻抗；

　　　Z_2——第二种介质的声阻抗。

界面上反射波声强 I_r 与入射波声强 I_0 之比，称为声强反射率，用 R 表示。

界面上透射波声强 I_t 与入射波声强 I_0 之比，称为声强透射率，用 T 表示。

则有

$$R = \frac{I_r}{I_0} = \frac{\dfrac{p_r^2}{2Z_1}}{\dfrac{p_0^2}{2Z_1}} = \frac{p_r^2}{p_0^2} = r^2 = \left(\frac{Z_2 - Z_1}{Z_2 + Z_1}\right)^2 \tag{2-6}$$

$$T = \frac{I_t}{I_0} = \frac{\dfrac{p_t^2}{2Z_2}}{\dfrac{p_0^2}{2Z_1}} = \frac{p_t^2}{p_0^2} \times \frac{Z_1}{Z_2} = t^2 \frac{Z_1}{Z_2} = \frac{4Z_2 Z_1}{(Z_2 + Z_1)^2} \tag{2-7}$$

由以上公式可知，超声波垂直入射到平界面时，声压或声强的分配比例仅与界面两侧介质的声阻抗有关。当界面两侧的介质的声阻抗相差越大时，R 越大，则反射声能越大，透射声能越小。当界面两侧介质的声阻抗相差很小时，反射率几乎等于零，声波近似于全透射，无反射。

2. 超声波倾斜入射到界面时的反射和折射

当超声波倾斜入射到界面时，除产生同种类型的反射波和折射波外，还会产生不同类型的反射波和折射波，这种现象称为波型转换。

(1) 纵波倾斜入射时的反射和折射　如图 2-9 所示，当纵波 L 以一定的入射角度倾斜入射到固/固平界面时，除会形成反射的纵波与折射的纵波外，还会转换出反射的横波与折射的横波，超声波的传播方向用波的传播方向与界面法线的夹角来描述，各种反射波和折射波的传播符合反射、折射定律：

$$\frac{\sin\alpha_L}{c_{L1}} = \frac{\sin\alpha_L'}{c_{L1}} = \frac{\sin\alpha_S'}{c_{S1}} = \frac{\sin\beta_L}{c_{L2}} = \frac{\sin\beta_S}{c_{S2}} \tag{2-8}$$

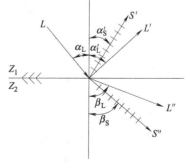

式中　c_{L1}、c_{S1}——第一介质中的纵波、横波波速；

　　　c_{L2}、c_{S2}——第二介质中的纵波、横波波速；

　　　α_L、α_L'——纵波入射角、反射角；

　　　β_L、β_S——纵波、横波折射角；

　　　α_S'——横波反射角。

由反射、折射定律可知，随着纵波入射角 α_L 的增大，纵波的折射角 β_L 就会随之增加，当第二种介质中折射波型的声速大于第一种介质中入射波型的声速时，则折射角大

图 2-9　纵波倾斜入射到平界面时的反射、折射及波型转换

于入射角，此时存在一个临界入射角度，此时的折射角等于90°。大于这一角度时，第二种介质中不再有相应波型的折射波。

① 第一临界角　纵波入射到 $c_{L2} > c_{L1}$ 的介质界面，当纵波入射角增大到一定程度时，则有 $\beta_L = 90°$，这时所对应的纵波的入射角称为第一临界角，用 α_{I} 表示。此时，在第二种介质中只有折射的横波，而无纵波。

由 $\dfrac{\sin\alpha_L}{c_{L1}} = \dfrac{\sin\beta_L}{c_{L2}}$，$\beta_L = 90°$可得出：

$$\alpha_{\mathrm{I}} = \arcsin\frac{c_{L1}}{c_{L2}} \tag{2-9}$$

② 第二临界角　纵波入射到 $c_{L2} < c_{L1}$ 的介质界面，当纵波入射角增大到一定程度时，则有 $\beta_S = 90°$，这时所对应的纵波的入射角称为第二临界角，用 α_{II} 表示。此时，在第二种介质中既无折射的横波，也无纵波。

由 $\dfrac{\sin\alpha_L}{c_{L1}} = \dfrac{\sin\beta_S}{c_{S2}}$，$\beta_S = 90°$可得出：

$$\alpha_{\mathrm{II}} = \arcsin\frac{c_{L1}}{c_{S2}} \tag{2-10}$$

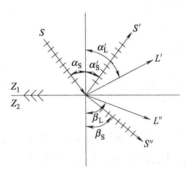

图 2-10　横波倾斜入射时
的反射与折射

（2）横波倾斜入射时的反射与折射　如图 2-10 所示，当横波 S 以一定的入射角度倾斜入射到固/固平界面时，除会形成反射的横波与折射的横波外，还会转换出反射的纵波与折射纵波，超声波的传播方向用波的传播方向与界面法线的夹角来描述，各种反射波和折射波的传播符合反射、折射定律：

$$\frac{\sin\alpha_S}{c_{S1}} = \frac{\sin\alpha_L'}{c_{L1}} = \frac{\sin\alpha_S'}{c_{S1}} = \frac{\sin\beta_L}{c_{L2}} = \frac{\sin\beta_S}{c_{S2}} \tag{2-11}$$

随着横波入射角的增大，纵波的反射角也随之增加，当横波入射角增大到一定程度时，纵波的反射角等于90°，此时横波的入射角称为第三临界角，用 α_{III} 表示，则有

$$\alpha_{\mathrm{III}} = \arcsin\frac{c_{S1}}{c_{L1}} \tag{2-12}$$

如果横波的入射角大于第三临界角时，在第一介质中只有反射的横波，无反射的纵波，既横波全反射。

以上分析了波以一个倾斜的角度入射到固/固界面时的反射与折射情况，当入射界面两侧的介质为固/液界面、固/气界面时，其波的反射、折射与波型转换的情况如图 2-11 所示。

四、超声波的衰减特性

超声波在介质中传播时，其声能随着传播距离的增加而逐渐减弱的现象称为超声波的能量衰减。在超声波检测中，超声波能量衰减的原因可归纳为以下三类。

1. 扩散衰减

超声波在传播过程中，由于声束的扩散，使超声波的声强随距离增加而逐渐减弱的现象称为扩散衰减。扩散衰减仅取决于波阵面的形状，与介质的性质无关。

平面波的波阵面为平面，波束不扩散，不存在扩散衰减。柱面波的波阵面为一系列同轴圆柱面，波束向四周扩散，存在着扩散衰减。球面波的波阵面为一系列的同心圆，波束向四面八方扩散，也存在着扩散衰减。

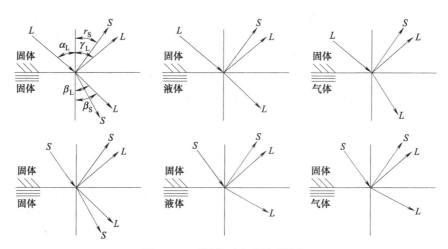

图 2-11 不同界面上的波型转换

2. 散射衰减

超声波在介质中传播时，遇到晶粒的界面-晶界时产生散乱反射引起衰减的现象，称为散射衰减。当材质晶粒度粗大时，散射衰减严重。

3. 吸收衰减

超声波在介质中传播时，由于介质中质点间的内摩擦（即黏滞性）和热传导引起超声波的衰减，称为吸收衰减或黏滞衰减。

通常所说的介质的衰减是指吸收衰减和散射衰减，不包括扩散衰减。

项目二 超声波检测的设备与器材

学习目标

- 了解超声波检测仪的类型及工作原理。
- 了解超声波检测探头的种类、结构，掌握探头的主要性能参数。
- 掌握超声波检测试块的种类及主要用途。

一、超声检测仪

超声检测仪是超声波检测的主体设备，主要功能是产生超声频率电振荡，并经此来激励探头发射超声波。同时，它又将探头接收到的回波信号进行放大、处理，并通过一定方式显示出来。

1. 超声检测仪的分类

（1）按照原理的差异分类

① 穿透式检测仪 这种检测仪根据透过工件的超声波强度来判断工件中有无缺陷及缺陷的大小，这类仪器发射单一频率的连续波信息，对缺陷检测的灵敏度较低，目前很少应用。

② 共振检测仪 这种仪器利用指示频率可变的超声波在工件中形成共振的情况，用于共振法测厚，目前也使用较少。

③ 脉冲反射式超声检测仪 在检测中，脉冲波超声检测仪发射一持续时间很短的电脉冲，激励探头发射脉冲超声波传入工件，并通过探头接收在工件中反射回来的脉冲波信号，利用超声波信号的传播时间和回波幅度判断缺陷的位置和缺陷的大小。

（2）按缺陷的显示方式分类

① A 型显示超声波检测仪　A 型显示是一种波形显示，是将超声波信号幅度与传播时间的关系以直角坐标的形式显示出来，如图 2-12 所示，横坐标代表超声波的传播时间，纵坐标代表信号幅度。如果超声波在均质材料中传播时，声速是恒定的，则可将横坐标的传播时间转变为传播距离，从而可通过横坐标确定缺陷的位置，由纵坐标的回波幅度可以估算缺陷当量尺寸。

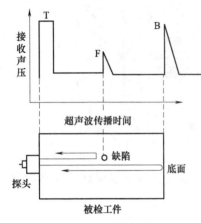

图 2-12　A 型显示原理

T—始波；F—缺陷波；B—底波

从图 2-12 中可以看出，脉冲 T 表示超声检测时的始脉冲或始波，是发射脉冲直接进入接收电路后，在屏幕上的起始位置显示出来的脉冲信号。脉冲 F 为被检工件中的缺陷回波被探头接收到时，在屏幕上的相应位置所出现的缺陷波。脉冲 B 是超声波传播到被检工件底面反射回波被探头接收到时，在屏幕上出现的底面回波，称为底波。

② B 型显示超声波检测仪　B 型显示是试件的一个二维截面图，将探头放在试件表面沿一条线扫查时的距离作为一个轴的坐标，另一个轴的坐标是声传播时间（或距离），如图 2-13 所示。检测时将时间轴上不同深度的信号幅值采集下来，在每个探头移动位置沿时间轴用不同的亮度（或颜色）显示出信号的幅度，将上下表面回波也包含在时间轴显示范围内，可以从图中观察出缺陷在该截面上的位置、取向和深度以及通过亮度或颜色获取缺陷信号幅度的信息。

③ C 型显示超声波检测仪　C 型显示是一种图像显示，是工件的一个平面投影图，如图 2-14 所示，检测仪显示屏上横坐标和纵坐标都是靠机械扫描来代表探头在工件表面的位置。探头接收信号幅度以光点辉度表示，因而当探头在工件表面移动时，显示屏上便显示出工件内部缺陷的平面图像，但不能显示缺陷的深度。

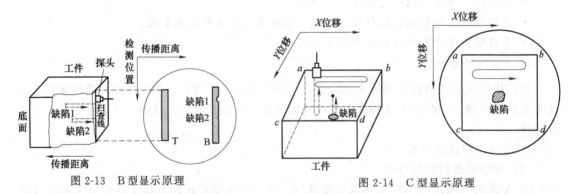

图 2-13　B 型显示原理　　　　　　　　图 2-14　C 型显示原理

B 型显示和 C 型显示是在 A 型显示的基础上实现的，在 A 型显示图上，确定好需采集的信号范围，采用电子门提取出所需信号。目前，B 型显示和 C 型显示多采用计算机，将信号经 A/D 转换处理后，显示在计算机屏幕上的图像与数据可以存储，可进一步用软件对缺陷进行分析评价。

（3）按仪器的通道数目分类

① 单通道检测仪　这种检测仪是由一个或一对探头单独工作，是目前超声波检测中应用最广泛的仪器。

② 多通道检测仪　这种检测仪是由多个或多对探头交替工作，每一个通道相当于一台单通道检测仪，适用于自动化检测。

2. 模拟式超声检测仪

（1）A 型脉冲反射式模拟式超声波检测仪主要组成　如图 2-15 所示。

（2）A 型脉冲反射式模拟式超声波检测仪工作原理　同步电路产生的触发脉冲同时加至扫描电路和发射电路，扫描电路受触发开始工作，产生锯齿波扫描电压，加至示波管水平偏转板，使电子束发生水平偏转，在荧光屏上产生一条水平扫描线。同时，发射电路受触发产生高频脉冲，施加至探头，激励压电晶片振动，产生超声波，超声波在工件中传播时，遇到缺陷或底面产生反射，反射回的超声波返回探头时，又被探头中的压电晶片将振动转变为

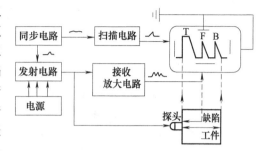

图 2-15　A 型脉冲反射式模拟式超声波检测仪主要组成

电信号，经接收电路放大和检波，加至示波管垂直偏转板上，使电子束发生垂直偏转，在水平扫描线的相应位置上产生缺陷回波和底波。

（3）模拟式超声波检测仪主要开关旋钮的作用及调整　检测仪面板上有许多开关和旋钮，用于调节检测仪的功能和工作状态。图 2-16 是 CTS-22 型超声波检测仪面板示意图，下面以这种仪器为例，说明各主要开关的作用及其调整方法。其各旋钮的作用及调整方法见表 2-2。

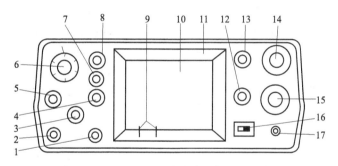

图 2-16　CTS-22 型超声波检测仪面板示意图

1—发射插座；2—接收插座；3—工作方式选择；4—发射强度；5—粗调衰减器；6—细调衰减器；
7—抑制；8—增益；9—定位游标；10—示波管；11—遮光罩；12—聚焦；13—深度范围；
14—深度细调；15—脉冲移位；16—电源电压指示器；17—电源开关

表 2-2　超声波检测仪各旋钮的功能

名　　称		功　　能
显示部分	辉度旋钮	当波形亮度过高或过低时，可调节辉度旋钮，使亮度适中，一般辉度调整后应重新调节聚焦和辅助聚焦等旋钮
	聚焦旋钮	调节电子束的聚焦程度，使荧光屏波形清晰
	水平旋钮	使扫描线和扫描线上的回波一起左右移动一段距离，但不改变回波间距。调节检测范围时，用深度粗调和细调旋钮调好回波间距，用水平旋钮进行零位校正
	垂直旋钮	调节扫描线的垂直位置。调节垂直旋钮，可使扫描线上下移动
发射部分	工作方式选择旋钮	选择检测方式，即"双探"或"单探"方式。当开关置于"双探"位置时，为双探头一发一收状态，可用一个双晶探头或两个单探头检测，发射探头和接收探头连接到插座。当开关置于单探"位置"时，为单探头自发自收工作状态，此时发射插座和接收插座从内部连通，探头可插入任一插座

续表

名称		功能
发射部分	发射强度旋钮	改变仪器的发射脉冲频率,从而改变仪器的发射强度。增大发射强度时,可提高仪器灵敏度,但脉冲变宽,分辨力变差
	重复频率旋钮	调节脉冲重复频率,即改变发射电路每秒钟发射脉冲的次数。重复频率低时,荧光屏图形较暗,仪器灵敏度有所提高;重复频率高时,荧光屏图形较亮。重复频率要视被检工件厚度进行调节,厚度大,应使用较低的重复频率,厚度小,可使用较高的重复频率
接收部分	衰减器旋钮	调节检测灵敏度和测量回波振幅。调节灵敏度时,衰减器读数大,灵敏度低;衰减器读数小,灵敏度高。测量回波振幅时,衰减器读数大,回波幅度高;衰减器读数小,回波幅度低
	增益微调旋钮	改变接收放大器的放大倍数,进而连续改变检测仪的灵敏度
	频率选择旋钮	可选择接收电路的频率响应
	检波方式旋钮	可选择非检波、全检测、正检测和负检波
	抑制旋钮	使幅度较小的一部分噪声电信号不在显示屏上出现
时基线部分	深度粗调旋钮	粗调荧光屏扫描线所代表的检测范围。调节深度范围旋钮,可较大幅度地改变时间扫描线的扫描速度,从而使荧光屏上回波间距大幅度地压缩或扩展
	深度微调旋钮	精确调整检测范围。调节细调旋钮,可连续改变扫描速度,从而使荧光屏上的回波间距在一定范围内连续变化
	延迟旋钮	零位调节旋钮,调节水平旋钮,可使扫描线和扫描线上的回波一起左右移动一段距离,但不改变回波间距。调节检测范围时,用深度粗调和细调旋钮调好回波间距,用水平旋钮进行零位校正

3. 数字式超声波检测仪

(1) 数字式超声波检测仪的主要组成部分及作用　如图 2-17 所示,数字式超声波检测仪主要由电源、发射电路、接收电路、微处理器、A/D 转换器、显示器等组成。

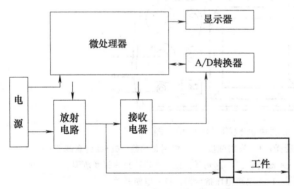

图 2-17　数字式超声检测仪电路框图

数字式超声波检测仪的发射电路与模拟式超声波检测仪是相同的,接收放大电路的衰减器和高频放大电路与模拟式超声波检测仪相同。但信号经放大到一定程度后,则由模/数转换器将其变为数字信号,由微处理器进行处理后,在显示器上显示出来。数字式超声波检测仪显示的是二维点阵,由微处理器通过程序来控制显示器实现逐点扫描。

(2) 仪器的功能　数字式仪器可提供模拟式仪器具有的所有功能。在模拟式仪器中,操作者直接拨动旋钮对仪器的电路进行调整,而在数字式仪器中,是通过人机对话,以按键或菜单的方式,将控制数据输入给微处理器,然后再由微处理器发出信号控制各电路的工作。微处理器还可按照预先设定的程序,自动对仪器进行调整。此外,数字式超声波检测仪可自动按存储的参数重新对仪器进行调整。检测波形的数字化使仪器可进一步提供波形的记录与存储、波形参数的自动计算与显示(波高、距离等)、距离-波幅曲线的自动生成、时基线比例的自动调整以及频谱分析等附加功能。

(3) 仪器主要部件名称　现以某数字式超声波检测仪为例说明各键钮的功能,如图 2-18、表 2-3 所示。

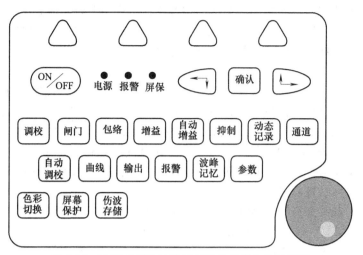

图 2-18　数字式超声波检测仪键盘各键位的示意图

表 2-3　各键钮的作用

键	作用	键	作用
ON/OFF	电源开/关键	调校	调校类功能键
包络	包络功能键	闸门	闸门功能系统键
增益	增益热键	自动调校	探头零点自动校准热键
抑制	抑制热键	自动增益	自动增益键
曲线	波幅曲线功能键	输出	输出数据功能键
报警	声响报警键	伤波存储	存储伤波数据键
波峰记忆	波峰记忆键	确认	波形冻结/输入命令、数据认可键
通道	50 组检测参数选择键	色彩切换	显示屏彩色切换键(注:HS611e 无此功能键)
参数	进入/退出参数列表显示键	屏幕保护	关闭屏幕显示,进入节电状态
动态记录	动态回波记录键	△	子功能菜单/操作功能键
◁	左/下方向键	▷	右/上方向键
数码飞梭旋钮	旋钮键主要用于数字输入、增减、左右、上下调节和功能选择及确认等功能	左旋:等同左/下方向键 右旋:等同右/上方向键 单击:轻轻按下旋钮,马上松开,让旋钮弹起 按击:按住旋钮不放,停留 2s,然后松开	

二、探头

探头又称为换能器,在超声波检测过程中,可以实现超声波的发射与接收,即实现电/

声能相互转换。当前超声波检测中采用的超声波换能器主要是压电换能器,压电换能器中的主要电/声能转换部件是压电晶片,压电晶片是一个具有压电特性的单晶体或多晶体薄片,主要作用是将电能转换为声能,并将声能转换为电能。

1. 探头的结构

压电换能器探头一般由压电晶片、阻尼块、接头、保护膜、电缆线和外壳等组成。

(1)压电晶片　其作用是发射和接收超声波,实现电/声能转换。晶片的性能决定着探头的性能,晶片的尺寸和谐振频率,决定发射声场的强度、距离-波幅特性与指向性。晶片制作质量的好坏,也关系到探头的声场对称性、分辨力、信噪比等特性。

常用的晶片形状有圆形、方形或矩形,晶片的两面需敷上银层(或金层、铂层)作为电极,以使晶片上的电压能均匀分布。

(2)阻尼块　晶片在高压电脉冲激励下产生振动之后,由于惯性作用,振动在短时间内不能停止,使脉冲较宽。这种持续的振动会妨碍晶片对反射波信号的接收,使这段时间内的反射信号不能显现,深度分辨力降低。阻尼块是由环氧树脂和钨粉等按一定比例配成的阻尼材料,将其粘在晶片或楔块后面。阻尼块可以增大晶片的振动阻尼,缩短晶片持续振动时间,使振动着的晶片尽快恢复到静止状态,有利于晶片对反射波信号的接收。阻尼块除了可以起到增大阻尼的作用外,还可以吸收晶片向其背面发射的超声波,同时对晶片也起到支承作用。

(3)保护膜　作用是保护压电晶片不被磨损或损坏。保护膜分为硬、软保护膜。硬保护膜适用于表面较光滑的工件检测。软保护膜用于表面较粗糙的工件检测。保护膜会使始波宽度增大,分辨力变差,灵敏度降低。硬保护膜比软保护膜更严重。由于石英晶片不易磨损,可不加保护膜。

(4)斜楔　是斜探头中为了使超声波以一定的角度倾斜入射到检测面而装在晶片前面的楔块。保证晶片发射的超声波按设定的倾斜角度入射到斜楔与工件的界面,使超声波在界面处产生所需要的波型转换。斜楔在实现波型转换的同时,也对晶片起到了保护作用,所以有了斜楔块的斜探头,不需要再加保护膜。

斜楔中的纵波波速必须小于工件中的纵波波速,具有适当的衰减系数,且耐磨、易加工。一般斜楔用有机玻璃制成,近年来有些探头用尼龙、聚合物等其他新材料制作斜楔。

(5)电缆线　探头与检测仪间的连接需采用高频同轴电缆,这种电缆可消除外来电波对探头的激励脉冲及回波脉冲的影响,并防止这种高频脉冲以电波形式向外辐射。

(6)外壳　作用在于将各部分组合在一起,并进行保护。

2. 探头的主要种类

根据探头的结构特点和用途,可将探头分为多种类型。

(1)直探头　声束垂直于被探工件表面入射的探头称为直探头,可用于发射和接收纵波。直探头结构如图 2-19 所示。

(2)斜探头

① 分类　可分为横波斜探头、纵波斜探头、表面波(瑞利波)探头、兰姆波探头及可变角探头。

a. 横波斜探头　它是入射角在第一临界角与第二临界角之间,折射波为纯横波的探头。横波斜探头适宜于检测与检测面成一定角度的缺陷,主要用于焊接接头、管材、锻件的检测。

b. 纵波斜探头　其入射角小于第一临界角,主要利用小角度的纵波进行缺陷检测,在工件中由于波型转换,在工件中同时会产生横波,使用时需注意横波对检测结果的干扰。

c. 瑞利波(表面波)探头　它用于发射和接收表面波,探头的入射角略大于第二临界角,以获得较大强度的表面波。主要用于表面或近表面缺陷的检测。

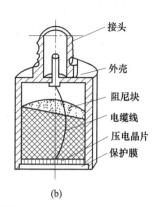

| 接头 |
| 外壳 |
| 阻尼块 |
| 电缆线 |
| 压电晶片 |
| 保护膜 |

(a)　　　　　　　　　　(b)

图 2-19　纵波单晶直探头的结构

d. 兰姆波探头　其角度需根据板厚、频率和所选定的兰姆波模式来确定，主要用于薄板中缺陷的检测。

根据探头中晶片数量的不同，斜探头可分为单晶斜探头和双晶斜探头，单晶斜探头的结构如图 2-20 所示。

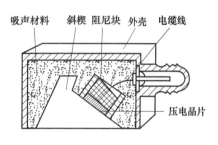

吸声材料　斜楔　阻尼块　外壳　电缆线

压电晶片

(a)　　　　　　　　　　(b)

图 2-20　单晶斜探头的结构

② 标称方式　斜探头的主要参数有工作频率、晶片尺寸、入射角、晶片材料等。其中横波探头的角度有以下三种标称方式。

a. 以纵波入射角标称　在探头上直接标明楔块形成的入射角。常用的入射角有 30°、45°、50°、55°等。

b. 以钢中横波折射角标称　在探头上直接标明横波折射角，常用的横波折射角有 45°、50°、60°、70°等。

c. 以钢中横波折射角的正切值 K 标称　在探头上直接标明 K 值，常用的 K 值有 1.0、1.5、2.0、2.5、3 等。

斜探头的型号标注举例：

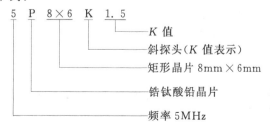

5　P　8×6　K　1.5

K 值
斜探头（K 值表示）
矩形晶片 8mm×6mm
锆钛酸铅晶片
频率 5MHz

（3）聚焦探头　根据焦点形状不同分为点聚焦和线聚焦两种，根据耦合方式不同分为水浸聚焦与接触聚焦两种。当声透镜为球面时，所形成的焦点的理想形状是一点，称为点聚焦。当声透镜为柱面时，所形成的焦点为一条线，称为线聚焦。当以水为耦合介质时，检测时探头与工件间不直接接触，形成聚焦探头，称为水浸聚焦。

三、试块

超声波检测的试块通常分为标准试块和对比试块两大类。标准试块具有规定的材质、表面状态、几何形状与尺寸，用以评定和校准超声波检测设备。标准试块通常由权威机构讨论通过，其特性与制作要求有专门的标准规定。对比试块是以特定方法检测特定试件时所用的试块。它与受检件材料声学特性相似，含有意义明确的参考反射体（平底孔、槽等），用以调节超声波检测设备的状态，保证扫查灵敏度足以发现所要求尺寸与取向的缺陷，以及将所检出的不连续信号与试块中已知反射体所产生的信号相比较。

1. 常用的标准试块

（1）ⅡW 试块　ⅡW 是国际焊接学会的英文缩写，是由荷兰代表首先提出的，因此ⅡW 试块也称为荷兰试块。试块的国际标准为 ISO 2400—1972（E），材质相当于我国的 20 钢，经正火处理，晶粒度为 7～8 级。试块的规格尺寸如图 2-21 所示。ⅡW 试块的主要用途见表 2-4。

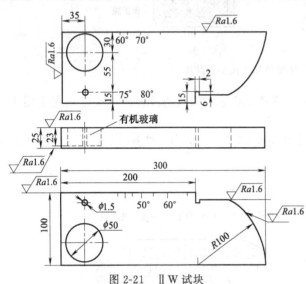

图 2-21　ⅡW 试块

表 2-4　ⅡW 试块的主要用途

主要用途	所用试块的部位
调整纵波检测范围和扫描速度	试块上 25mm 和 100mm 尺寸
校验仪器的水平线性、垂直线性和动态范围	试块上 25mm 和 100mm 尺寸
测定直探头和仪器组合后的远场分辨力	试块上 85mm、91mm 和 100mm 尺寸
测定直探头和仪器组合后的最大穿透能力	φ50mm 有机玻璃块底面的多次反射波
测定直探头与仪器组合后的盲区	试块上 φ50mm 有机玻璃圆弧面至侧面间距 5mm 和 10mm
测定斜探头的入射点	用 R100mm 圆弧面
测定斜探头的折射角	折射角在 35°～76°范围内用 φ50mm 孔测；折射角在 74°～80°范围内用 φ1.5 孔测
测定斜探头和仪器组合后的灵敏度余量	试块 R100mm 或 φ1.5mm 孔测
测定斜探头声速轴线的偏离	试块的直角棱边

（2）CSK-ⅠA 试块　是我国承压设备无损检测标准 JB/T 4730.3—2005 中规定的标准试块，是在ⅡW 试块基础上改进后得到的，其结构及主要尺寸如图 2-22 所示。

CSK-ⅠA 试块与ⅡW 试块相比较有以下三点改进。

① 将直径 φ50mm 改进为 φ50mm、φ44mm、φ40mm 的台阶孔，以便于测定横波斜探头的分辨力。

② 将 R100mm 改为 R100mm、R50mm 阶梯圆弧，以便于调整横波扫描速度和检测范围。

③ 将试块上标定的折射角改为 K 值，从而可直接测出横波斜探头的 K 值。

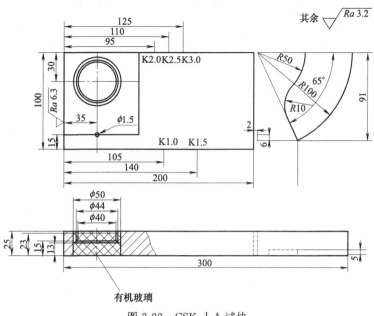

图 2-22　CSK-ⅠA 试块

CSK-ⅠA 试块的主要功能与ⅡW 试块相同。

（3）CSK-ⅢA 试块　是我国承压设备无损检测标准 JB/T 4730.3—2005 中规定的标准试块，其规格、形状如图 2-23 所示。试块中的规则反射体为 ϕ1mm×6mm 的短横孔。

CSK-ⅢA 试块的主要用途如下。

① 调节时基线比例。

② 用 ϕ1mm×6mm 的短横孔测定斜探头 K 值。

③ 制作距离-波幅曲线。

④ 调节检测灵敏度。

⑤ 进行缺陷判定比较。

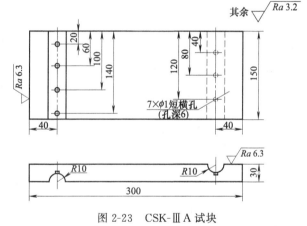

图 2-23　CSK-ⅢA 试块

2.常用的对比试块

（1）半圆试块　形状和尺寸如图 2-24 所示。半圆试块分为中心切槽和不切槽两种，规

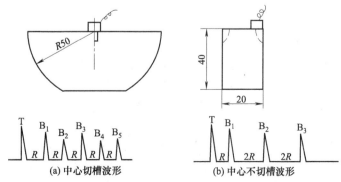

图 2-24　半圆试块

格为 R 50mm 或 R 40mm，有时将下边圆弧加工成平面，以便放置平稳。

（2）RB-1、RB-2、RB-3 试块　是 GB 11345—1989 中规定的焊接接头超声波检测用对比试块。试块的材质与被检材料的声学性能相同或相近，试块的形状和尺寸如图 2-25～图 2-27 所示。

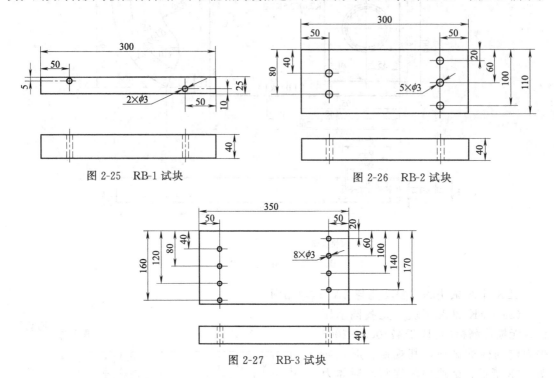

图 2-25　RB-1 试块　　　　　　　　　　图 2-26　RB-2 试块

图 2-27　RB-3 试块

RB-1 试块主要用于厚度为 8～25mm 的钢板焊接接头检测。RB-2 试块主要用于厚度为 8～100mm 的钢板焊接接头检测。RB-3 试块主要用于 8～150mm 的钢板焊接接头检测。

试块的主要用途如下。

① 调节时基线比例和检测范围。

② 测定斜探头的 K 值。

③ 测定横波 AVG 曲线。

④ 调节检测灵敏度。

⑤ 进行缺陷定量。

项目三　中厚板对接焊接接头超声波检测

学习目标

- 掌握对接焊接接头的超声波检测方法。
- 能根据被检件确定检测条件、扫描速度和灵敏度，编制检测工艺。
- 能独立进行检测操作，正确地进行缺陷的定位与定量。
- 根据检测结果进行质量级别的评定及出具检测报告。

任务描述

现有一批材质为 16MnR 的对接焊接接头试板，规格为 600mm×500mm×54mm，已经射线检测合格，按要求射线检测合格后应进行 100% 的超声波检测，根据资料查得为 X 形坡口，采用半自动焊＋手工电弧焊接，测得焊缝宽度大约为 24mm，检测要求按 JB/T

4730.3—2005 标准 B 级检测，验收级别为 I 级。

相关知识

一、焊接的基础知识

1. 焊接接头的形式

在焊件需连接的部位，用焊接方法制造而成的接头称为焊接接头，焊接接头由焊缝金属、熔合区、热影响区组成。

焊接接头的基本形式有四种：对接接头、角接接头、T 形接头和搭接接头，如图 2-28 所示。其中对接接头是广泛采用的接头形式之一，主要用于板材、管道的焊接。

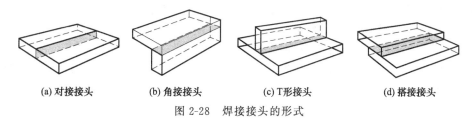

| (a) 对接接头 | (b) 角接接头 | (c) T 形接头 | (d) 搭接接头 |

图 2-28　焊接接头的形式

2. 焊接坡口形式

根据设计或工艺需要，焊前常将母材焊口边缘加工并装配成一定的几何形状，这种几何形状称为坡口形式。对接接头开坡口的目的是为了确保接头的质量，坡口形式的选择取决于板材厚度、焊接方法和工艺过程。一般坡口的角度选 60° 左右。对接接头可采用卷边、平对接或加工成 V 形、U 形、X 形、K 形等坡口形式，如图 2-29 所示。

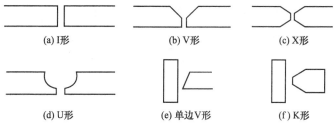

| (a) I形 | (b) V形 | (c) X形 |
| (d) U形 | (e) 单边V形 | (f) K形 |

图 2-29　对接接头典型坡口形式

3. 焊接接头常见的缺陷

焊接接头的缺陷包括外部缺陷和内部缺陷（图 2-30）。外部缺陷主要有焊缝尺寸不符合

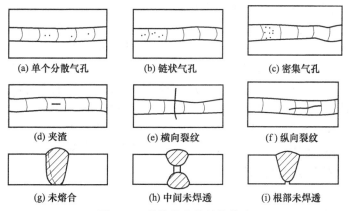

(a) 单个分散气孔	(b) 链状气孔	(c) 密集气孔
(d) 夹渣	(e) 横向裂纹	(f) 纵向裂纹
(g) 未熔合	(h) 中间未焊透	(i) 根部未焊透

图 2-30　焊接接头常见的缺陷

要求、未焊透、咬边、焊瘤、表面气孔、表面裂纹等。内部缺陷主要有气孔、夹渣、未焊透、未熔合和裂纹。

二、焊接接头的超声波检测技术等级

JB/T 4730.3—2005《承压设备无损检测第 3 部分：超声检测》中规定超声波检测技术分为 A、B、C 三个检测级别。不同检测技术等级的要求不同。

1. A 级检测技术等级的技术要求

A 级检测仅适用于母材厚度 8～46mm 的焊接接头检测，一般用一种 K 值探头，可采用直射波法和一次反射波法（或称为二次波法）在焊接接头的单面单侧进行检测。一般不要求进行横向缺陷的检测。主要适用于与承压设备有关的支承件和结构件焊接接头检测。

2. B 级检测技术等级的技术要求

B 级检测技术适用于一般承压设备对接焊接接头检测。其技术要求如下。

① 母材厚度为 8～46mm 时，一般用一种 K 值探头，采用直射波法和一次反射波法在对接焊接接头的单面双侧进行检测。如图 2-31 所示。

图 2-31　单面双侧检测

② 母材厚度为 46～120mm 时，一般用一种 K 值探头，采用直射波法在焊接接头的双面双侧进行检测，如图 2-32 所示。如受几何条件限制，也可在焊接接头的双面单侧或单面双侧采用两种 K 值探头进行检测。

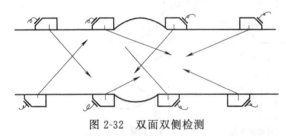

图 2-32　双面双侧检测

③ 母材厚度为 120～400mm 时，一般用两种 K 值探头，采用直射波法在焊接接头的双面双侧进行检测。两种探头的折射角相差应不小于 10°。

④ 为检测焊接接头及热影响区的横向缺陷应进行斜平行扫查。检测时，可在焊接接头两侧边缘使探头与焊接接头中心线成 10°～20°作两个方向的斜平行扫查，如焊接接头余高磨平，探头应在焊接接头及热影响区上作两个方向的平行扫查。

3. C 级检测技术等级的技术要求

C 级检测技术适用于重要承压设备对接焊接接头检测。采用 C 级检测时，应将焊接接头的余高磨平，对接接头两侧斜探头扫查经过的母材区域要用直探头进行检测。

① 母材厚度为 8～46mm 时，一般用两种 K 值探头采用直射波法和一次反射波法在焊接接头的单面双侧进行检测。两种探头的折射角相差应不小于 10°，其中一个折射角应为 45°。

② 母材厚度为 46～400mm 时，一般用两种 K 值探头采用直射波法在焊接接头的双面双侧进行检测。两种探头的折射角相差应不小于 10°。对于单侧坡口角度小于 5°的窄间隙焊缝，如有可能应增加对检测与坡口表面平行缺陷的有效检测方法。

③ 应进行横向缺陷的检测。检测时，将探头放在焊缝及热影响区上作两个方向的平行扫查。

三、焊接接头超声波检测灵敏度

1. 检测灵敏度的基本概念

检测灵敏度是指在确定的声程范围内发现规定大小缺陷的能力。检测灵敏度太高或太低，都会对检测不利。灵敏度太高，显示屏上杂波多，判断分析困难。灵敏度太低，容易造成漏检。

2. 灵敏度的设定

实际检测灵敏度是依据被检工件具体参数结合无损检测评定标准等技术要求来设定的，一般根据实际工作过程中目的的不同而分为基准灵敏度（或称灵敏度基准线）、扫查灵敏度、评定线灵敏度、定量线灵敏度、判废线灵敏度等。

（1）基准灵敏度　超声波检测灵敏度是一个相对灵敏度，它必须采用一个标准的反射体作为基准，调试仪器系统对该基准反射体的反射回波信号，以便对仪器系统进行标定，这个标定后的灵敏度称为基准灵敏度。

（2）扫查灵敏度　实际检测中，在粗探时为了提高扫查速度而又不致引起漏检，常常将灵敏度适当提高，这种在基准灵敏度的基础上适当提高的灵敏度称为扫查灵敏度。

（3）评定线灵敏度　在焊接接头检测中，通常采用初始检测的扫查灵敏度进行粗扫查，其目的是对疑似缺陷显示信号进行分析判断，进而对缺陷进行定性。为保证缺陷不漏检，标准常规定一个较高的灵敏度作为最低限，要求对达到或超过此灵敏度基准波高的缺陷信号均进行分析评定，且扫查灵敏度不得低于这个最低灵敏度，该灵敏度在标准中常称为评定线灵敏度。

（4）定量线灵敏度　在焊接接头检测中，在初始检测的扫查灵敏度下进行粗扫查，当缺陷的定性分析评定后，则进入缺陷的定量判定阶段，此阶段所采用的灵敏度低于评定线灵敏度，称为定量线灵敏度。

（5）判废线灵敏度　在焊接接头检测时，标准设定了一个低于定量线的灵敏度，当缺陷反射波高达到和超过这个灵敏度时，该缺陷则判废，这个灵敏度称为判废线灵敏度。

任务实施

一、中厚板对接焊接接头超声检测工艺

1. 检测方法的选择

被检工件检测技术等级要求为按 JB/T 4730.3—2005 标准 B 级检测，母材的厚度为 54mm，根据检测标准的规定，采用一种 K 值探头直射波法在焊接接头的双面双侧进行检测。

2. 检测面的准备

在超声检测探头移动的部位，为了保证探头与工件之间有良好的耦合，一般检测要求探头移动区表面粗糙度 Ra 不大于 $6.3\mu m$。对于粗糙的表面或者局部脱落的氧化皮，应采用机械打磨处理，直到露出金属光泽和平整光滑的表面。对于去除余高的焊缝，应将余高打磨到与邻近母材平齐。保留余高的焊缝，如果焊缝表面有咬边、较大的隆起和凹陷等也应进行适当的修磨，保证圆滑过渡以免影响检测结果的评定。

3. 仪器和探头的选择

（1）仪器的选择　仪器的性能、仪器与探头的组合性能等，必须符合 JB/T 4730.3—2005 标准以及 JB/T 10061—1999 标准的规定。

（2）探头的选择

① 探头频率的选择　探头频率将影响超声波的衰减、穿透能力、分辨力、检测精确度、检测速度等。表 2-5 为焊接接头检测时推荐的探头频率。

② 探头晶片尺寸的选择　中厚板、厚板焊接接头检测，若被检测面很平整，使用大晶片探头进行检测也能达到良好的接触，在此种情况下，为了提高检测速度，可以使用晶片尺寸较大的探头。如果板较薄且变形较大，或者具有一定弧度的结构件焊接接头检测，为了使探头与被检测面之间很好地接触，以达到良好的耦合，应选择晶片尺寸较小的探头。

表 2-5 焊接接头检测时推荐的探头频率

母材厚度/mm	频率/MHz	母材厚度/mm	频率/MHz
$t \leqslant 50$	5 或 2.5	$t > 75$	2.5
$50 < t \leqslant 75$	5 或 2.5	晶粒粗大的铸件和奥氏体钢焊接接头	1.0、2.0

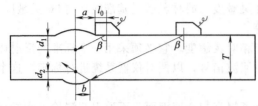

图 2-33 一、二次波单面检测双面焊焊接接头

③ 探头 K 值的选择 应遵循以下三方面原则：使声束能扫查到整个焊接接头截面；使声束中心线尽量与主要缺陷垂直；保证有足够的检测灵敏度。

为保证声束能扫查到整个焊接接头截面，探头 K 值的选择最低必须满足下述要求，即当探头前沿紧贴焊缝边缘时，如图 2-33 所示，主声束应扫查到远离探头的焊缝下焊角。为保证直射波与一次反射波能扫查到焊接接头整个截面，K 值应满足下式：

$$K \geqslant \frac{l_0 + a + b}{T} \tag{2-13}$$

式中　a——上焊缝宽度之半，mm；

　　　b——下焊缝宽度之半，mm；

　　　T——母材厚度，mm；

　　　l_0——探头前沿值，mm。

对于单面焊，b 可以忽略不计。

薄板焊接接头超声波检测为避免近场区的影响，提高定位定量精度，一般采用大 K 值探头。大厚度焊接接头检测为缩短声程、减少衰减、提高检测灵敏度以及减少打磨宽度，一般采用 K 值较小的探头。但大量实践证明，低合金高强钢大厚度焊缝中的裂纹，采用较大和较小的两种 K 值探头分别检测，尽管两者检测灵敏度完全相同，但 K 值较小的探头很难甚至根本发现不了这种裂纹，很容易漏检。因此，尽管母材很厚，但在条件允许的情况下，也应尽量采用 K 值大的探头，或者同时采用较大和较小两种 K 值的探头联合检测。表 2-6 所列为焊接接头检测斜探头 K 值的推荐值，供参考。

表 2-6 推荐采用的斜探头 K 值

板厚 T/mm	K 值	板厚 T/mm	K 值
6~25	3.0~2.0(71.5°~63.4°)	>46~120	2.0~1.0(63.4°~45°)
>25~46	2.5~1.5(68.2°~56.3°)	>120~400	2.0~1.0(63.4°~45°)

该对接接头的板厚为 54mm，根据标准可选用 $K=2$ 的探头。

4. 检测区域的确定

焊接接头检测时的检测区应是焊缝本身与焊接热影响区的部位，检测区的宽度为焊缝本身加上焊缝两侧各相当于母材厚度 30% 的一段区域，这个区域最小为 5mm，最大为 10mm。则该焊接接头检测区域为 $L=$ 焊缝宽度 $+20$mm$=24+20=44$mm。

图 2-34 所示为检测区和探头移动区。

5. 探头移动区的确定

探头的移动区与检测方法和母材的厚度有关。

当采用一次反射法检测时，探头移动区大于或

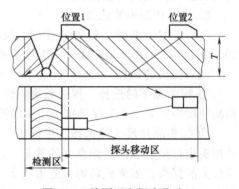

图 2-34 检测区和探头移动区

等于 $1.25P$。

$$P = 2TK \quad \text{或} \quad P = 2T\tan\beta \tag{2-14}$$

式中　P——跨距，mm；

　　　T——母材厚度，mm；

　　　K——探头 K 值；

　　　β——探头折射角，(°)。

当采用直射法检测时，探头移动区应大于或等于 $0.75P$。

该焊接接头采用直射法检测，则探头的移动区域为 $1.5KT = 1.5 \times 2 \times 54\text{mm} = 162\text{mm}$。

6. 耦合剂的选择

耦合的好坏决定着超声波能量传入工件的声强透射率高低。在焊接接头检测中，常用的耦合剂材料有水、甘油、机油、变压器油、化学糨糊和润滑脂等。

① 在焊接接头自动检测系统中常常采用水作为耦合剂，这是因为水的流动性好，传输方便，价格便宜，但是水容易流失，也容易使焊接接头生锈，有时不宜润湿工件。使用时可加入润湿剂和防腐剂等。

② 在较小工作量的情况下，焊接接头检测可采用甘油作耦合剂。其优点是声阻抗大，耦合效果好，缺点是易吸取空气中的水分，工件易形成腐蚀坑，价格较贵。

③ 机油和变压器油的附着力、黏度、润湿性都较适当，也无腐蚀性，价格又不贵，因此是最常用的耦合剂。

④ 化学糨糊的耦合效果与机油和变压器油差别不大，而且具有较好的水洗性，也是一种常用的耦合剂。

7. 标准试块

超声波检测焊接接头用的标准试块用来校准仪器探头系统性能和检测灵敏度。可利用 CSK-ⅠA 试块校准仪器系统性能，利用 CSK-ⅡA 或 CSK-ⅢA 调节检测灵敏度。

8. 灵敏度设定

根据检测标准 JB/T 4730.3—2005 规定，焊接接头的灵敏度曲线可利用 CSK-ⅡA 或 CSK-ⅢA 试块进行设定。根据被检工件的板厚 54mm，利用 CSK-ⅡA 或 CSK-ⅢA 试块设定灵敏度。

① 壁厚为 6～120mm 的焊接接头，其距离-波幅曲线灵敏度选择见表 2-7。

表 2-7　距离-波幅曲线灵敏度（一）

试块型式	板厚/mm	评定线	定量线	判废线
CSK-ⅡA	6～46	$\phi2\times40-18\text{dB}$	$\phi2\times40-12\text{dB}$	$\phi2\times40-4\text{dB}$
	>46～120	$\phi2\times40-14\text{dB}$	$\phi2\times40-8\text{dB}$	$\phi2\times40+2\text{dB}$
CSK-ⅢA	8～15	$\phi1\times6-12\text{dB}$	$\phi1\times6-6\text{dB}$	$\phi1\times6+2\text{dB}$
	>15～46	$\phi1\times6-9\text{dB}$	$\phi1\times6-3\text{dB}$	$\phi1\times6+5\text{dB}$
	>46～120	$\phi1\times6-6\text{dB}$	$\phi1\times6$	$\phi1\times6+10\text{dB}$

② 壁厚为 120～400mm 的焊接接头，其距离-波幅曲线灵敏度选择见表 2-8。

表 2-8　距离-波幅曲线灵敏度（二）

试块型式	板厚/mm	评定线	定量线	判废线
CSK-ⅣA	>120～400	$\phi d-16\text{dB}$	$\phi d-10\text{dB}$	ϕd

注：d 为横孔直径，单位为 mm。

③ 检测横向缺陷时，应将各线灵敏度均提高 6dB。

④ 若工件的表面耦合损失和材质衰减与试块不同，应进行传输修正。

二、操作步骤

1. 被检测面的准备

在超声检测探头移动部位，必须要有良好的表面粗糙度。对于粗糙的表面或者局部脱落的氧化皮，应采用机械打磨处理，直到露出金属光泽和平整光滑（新轧制的钢板氧化皮没有脱离，可以不用打磨）。通过耦合探头能平滑地移动。

2. 确定检测范围

焊接接头在检测之前，可在检测面上划出 $0.5P$ 和 $1.0P$ 的声程检测范围线，根据线的位置，可将探头移动足够的距离，避免扫查范围不够而造成缺陷漏检。同时，根据探头和这些线的位置关系，就能知道声束通过焊接接头的哪一部分，这对回波的判定很有帮助。

3. 横波探头及仪器扫描速度的校准

（1）斜探头入射点及 K 值的测定　可利用 CSK-ⅠA 试块测定斜探头的入射点及 K 值。K 值测试时要测试三次，取平均值。

（2）超声检测仪扫描速度的校准　根据被检测工件的规格及检测要求，选择声程 1∶1 调节扫描速度。

4. 距离-波幅曲线的绘制及检测灵敏度选择

利用 CSK-ⅢA 试块绘制距离-波幅曲线，根据板厚及标准，该产品的检测灵敏度设定为：评定线 $\phi 1 \times 6 - 6\text{dB}$，定量线 $\phi 1 \times 6$，判废线 $\phi 1 \times 6 + 10\text{dB}$。

① 仪器系统灵敏度校准。

探头对准 CSK-ⅢA 试块上深度为 10mm 的 $\phi 1\text{mm} \times 6\text{mm}$ 横孔，找到最高回波，将回波高度调到 80% 波高，记录此时仪器的增益值。固定增益旋钮和衰减器旋钮，分别检测深度为 20mm、30mm、40mm、50mm、60mm 的 $\phi 1\text{mm} \times 6\text{mm}$ 横孔，找到最高回波，并在面板上标记相应波峰对应的点②、③、④、⑤、⑥，然后连接点①、②、③、④、⑤、⑥得到一条 $\phi 1 \times 6$ 的参数曲线，形成基准灵敏度曲线。

② 经参数输入得到评定线 $\phi 1 \times 6 - 6\text{dB}$，定量线 $\phi 1 \times 6$，判废线 $\phi 1 \times 6 + 10\text{dB}$。

③ 扫查灵敏度的设定。

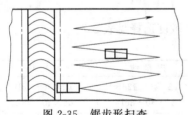

图 2-35　锯齿形扫查

扫查灵敏度不低于最大声程处的评定线灵敏度。这里灵敏度四参数分别为：最大检测声程处深度为 54mm；基准反射体评定当量尺寸为 $\phi 1 \times 6 - 6\text{dB}$；基准波高为 20%；仪器对应增益值为 67.0dB。

5. 缺陷扫查

（1）对接焊接接头纵向缺陷粗检测扫查方式

① 扫查方式：采用全面锯齿形扫查方式进行扫查，如图 2-35 所示。探头在前后移动的范围内应保证扫查到全部焊接接头截面，在保证探头垂直焊缝作前后移动的同时，还应作 10°~15° 的摆动。探头的每次扫查覆盖率应大于探头晶片直径的 15%，左右移动的间距不大于晶片直径。

② 扫查速度：探头移动速度一般不大于 150mm/s。

③ 扫查灵敏度：不得低于评定线灵敏度。

④ 缺陷标记：在全面扫查过程中，发现缺陷要随时在焊接接头上进行标记，以便于对其进行精确测量。

（2）对接接头精确检测　采用定量灵敏度针对全面扫查发现的缺陷或异常部位，进行如下扫查。

① 垂直于焊接接头方向前后移动，用以判定真伪缺陷或缺陷的平面和深度位置。

② 沿焊接接头方向左右移动扫查，测量缺陷的指示长度。

③ 根据需要进行定点转角扫查，用以判定缺陷的形状和类型。

（3）横向缺陷的扫查 横向缺陷宜采用斜平行扫查和平行扫查。

① 平行扫查及斜平行扫查：将探头放置在对接焊接接头同一面的两侧并将探头平行于焊缝或与焊缝轴线呈 15°～45°左右的角度进行前后移动扫查，如图 2-36 所示。探头在焊缝边缘顺着焊缝前后扫查，主要检测母材热影响区及其附近部位的横向缺陷。探头与焊缝轴线呈 15°～45°的扫查，主要检测焊缝部位的横向缺陷。

② 焊缝上的平行扫查：对磨平余高的焊缝，将探头放置在焊缝上并沿焊缝方向扫查。此时，声束轴线与裂纹界面垂直，扫查焊缝横向缺陷。

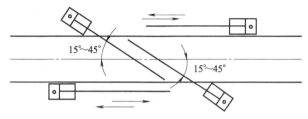

图 2-36 平行扫查及斜平行扫查

6. 缺陷位置的测定

焊接接头中发现缺陷以后，首先要确定缺陷是否在焊缝上，再根据缺陷最大反射波幅在时基线上的位置，确定缺陷的水平位置与垂直深度。

确定缺陷是否在焊缝上，可采用如下的方法。首先确定缺陷到探头入射点的水平距离 l_f。用直尺测量出缺陷波幅度最大时探头入射点到焊缝边缘的距离 l 及焊缝的宽度 a，如果 $l < l_f < l+a$，

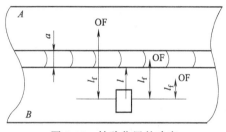

图 2-37 缺陷位置的确定

则缺陷在焊缝上。如果 $l_f < l$ 或 $l_f > l+a$，则缺陷不在焊缝中，不属于焊接缺陷。具体如图 2-37 所示。

采用数字式超声波探伤仪时，缺陷的位置可通过示波屏上的读数确定。

缺陷指示长度的测试采用 6dB 法进行测定。找到缺陷最高回波后，将回波高度调为基准波高的 80%，向左移动探头，当缺陷的回波高度降为 40% 时，标注出探头中心的位置 S_1。再将探头移动到最高回波位置，向右移动探头，当缺陷的回波高度降为 40% 时，标注出探头中心的位置 S_2。则 S_1 与 S_2 之间的距离为缺陷的指示长度。

测长时应注意以下几个问题。

① 对接焊接接头单面双侧或双面双侧检测，缺陷回波的幅度或其指示长度的测定，应以呈现最高波幅或测得最大指示长度的焊缝那一侧为准。

② 一次波和二次波检测，缺陷回波的幅度或其指示长度的测定，应以呈现最高波幅或测得最大指示长度的那一次波为准。

③ 在使用两种不同 K 值的探头分别对同一焊接接头检测时，缺陷回波的幅度或其指示长度的测定，应以呈现最高波幅或测得最大指示长度的 K 值探头为准。

三、检测结果的记录、评定与报告

1. 缺陷的评定和质量分级

焊接接头的缺陷评定包括确定缺陷的位置、缺陷性质、缺陷幅度和缺陷的指示长度，然

后结合标准中的规定，对焊接接头进行质量分级。下面以 JB/T 4730.3—2005 标准进行质量评定。

（1）缺陷评定 超过评定线的信号应注意其是否具有裂纹等危害性缺陷特征，如有怀疑时，应采取改变探头 K 值、增加检测面、观察动态波形并结合结构工艺特征等措施进行判定。

① 缺陷指示长度小于 10mm 时，按 5mm 计。

② 相邻两缺陷在一直线上，其间距小于其中较小的缺陷长度时，应作为一条缺陷处理，以两缺陷长度之和作为其指示长度（间距不计入缺陷长度）。

（2）质量分级 焊接接头质量分级按表 2-9 的规定进行。

表 2-9 焊接接头的质量分级

等级	板厚 T/mm	反射波幅（所在区域）	单个缺陷指示长度 L/mm	多个缺陷累计长度 L'/mm
Ⅰ	6～400	Ⅰ	非裂纹类缺陷	
	6～120	Ⅱ	$L=T/3$,最小为 10,最大不超过 30	在任意 $9T$ 焊缝长度范围内 L' 不超过 T
	>120～400		$L=T/3$,最大不超过 50	
Ⅱ	60～120	Ⅱ	$L=2T/3$,最小为 12,最大不超过 40	在任意 $4.5T$ 焊缝长度范围内 L' 不超过 T
	>120～400		最大不超过 75	
Ⅲ	6～400	Ⅱ	超过Ⅱ级者	超过Ⅱ级者
		Ⅲ	所有的缺陷	
		Ⅰ、Ⅱ、Ⅲ	裂纹等危害性缺陷	

注：1. 母材板厚不同时，取薄板侧厚度值。

2. 当焊缝长度不足 $9T$（Ⅰ级）或 $4.5T$（Ⅱ级）时，可按比例折算。当折算后的缺陷累计长度小于单个缺陷指示长度时，以单个缺陷指示长度为准。

超声波检测发现反射波幅超过Ⅰ区的缺陷以后，首先要判断缺陷是否位于焊缝中或在焊接接头截面的位置，然后判断缺陷是否具有裂纹、未熔合等危害性缺陷特征。如为危害性缺陷则直接评定为最低质量级别。如不是危害性缺陷，则确定缺陷的最大反射波幅在距离-波幅曲线上的区域，并对缺陷指示长度进行测定。缺陷的幅度区域和指示长度确定之后，需要结合相关标准的规定，评定质量级别。

2. 填写检测报告

焊接接头检测的超声波检测报告如表 2-10 所示。

表 2-10 焊接接头超声波检测报告

产品名称		产品编号		材质	
规格		检测时机		检测数量	
坡口形式		表面状态		焊接方法	
仪器型号		仪器编号		探头型号	
实测 K 值		探头前沿		试块种类	
检测方法		检测面		检测区域	
扫查方式		探头移动区		探头移动速度	
耦合剂		表面补偿		扫描调节	
扫查灵敏度		技术等级		距离-波幅曲线	
检测标准			检测比例		
验收标准			合格级别		
检测结果			缺陷返修情况说明		
1 本产品焊接接头质量最终评为：□符合 □不符合标准要求 2 检测位置及缺陷情况详见报告附图			1 本产品返修部位共计 处,其中最高返修次数 次,返修率 %,一次合格率 % 2 超标缺陷部位□未返修。返修后经复验, □合格 □不合格 3 返修部位及缺陷情况详见报告附图		

续表

焊缝编号	焊缝长度/mm	检测部位	检测长度/mm	缺陷记录									评定级别	备注
				序号	反射波深度 h/mm	波幅/dB	区域	S/mm	S_1/mm	S_2/mm	X/mm	长度/mm		

编制:	审核:		签发:		检测专用章
资格:	资格:		资格:		
年 月 日	年 月 日		年 月 日		年 月 日

任务评价

评分标准见表 2-11。

表 2-11　评分标准

考核项目	考核要求	配分	评分标准	扣分	得分
熟悉检测标准	1. 熟悉检测标准 2. 正确使用检测标准	10	1. 对检测标准不熟悉,选用错扣 5 分 2. 不能正确使用检测标准,对标准不清晰扣 5 分		
正确设计检测工艺卡	1. 根据被检工件正确选用超声波探伤仪 2. 正确选用探头型号及规格 3. 正确选择灵敏度试块 4. 正确设定检测灵敏度 5. 正确设定扫描速度 6. 正确设定检测区域 7. 正确选用扫查方式 8. 正确选用检测面 9. 完整、正确地填写检测工艺卡	20	1. 检测方法选择错扣 2 分 2. 探头选错扣 2 分 3. 试块选错扣 2 分 4. 耦合剂选错扣 1 分 5. 扫描速度设定错扣 2 分 6. 灵敏度设定错扣 2 分 7. 扫查方式错扣 2 分 8. 检测参数设计错扣 4 分 9. 示意图绘制错扣 2 分 10. 检测时机选错扣 1 分		
焊接接头超声波检测操作	1. 能正确调节仪器(设定检测参数、调节扫描速度、调节灵敏度) 2. 能识别缺陷波并确定缺陷的位置及当量尺寸	40	1. 检测参数设定错扣 5 分 2. 扫描速度调节错扣 5 分 3. 灵敏度调节错扣 5 分 4. 扫查方式错扣 5 分 5. 不能正确区分缺陷扣 5 分 6. 缺陷的位置错扣 5 分 7. 缺陷漏检扣 5 分 8. 多检出缺陷扣 5 分		
缺陷的评定及检测报告的填写	1. 正确记录检测的结果 2. 正确绘制缺陷位置示意图 3. 根据检测结果正确地进行质量评定 4. 完整、正确地填写检测报告	20	1. 检测结果填写错扣 5 分 2. 缺陷位置示意图绘制不准确扣 5 分 3. 质量评定错扣 5 分 4. 检测报告填写不完整扣 3 分 5. 检测报告卷面不整洁扣 2 分		
团队合作能力	能与同学进行合作交流,并解决操作时遇到的问题	10	不能与同学进行合作,不能解决操作时遇到的问题扣 10 分		
时间	1h		提前正确完成,每 5min 加 2 分 超过定额时间,每 5min 扣 2 分		

项目四　板材的超声波检测

学习目标

• 掌握板材的超声波检测方法。

• 能根据被检件确定检测条件、进行扫描速度和灵敏度的设定、进行缺陷的定位与定量，并根据检测结果进行板材（钢板、复合钢板）质量级别的评定。

• 独立完成典型板材超声波检测的操作及出具检测报告。

任务描述

有一批钢板，用于制作三类容器，材料为 Q235R，主要技术参数如下：设计压力为1.8MPa，设计温度为50℃，规格为 2400mm×1200mm×40mm，炉批号为 WG2011210。要求进行抽查 20％超声检测，执行 JB/T 4730.3—2005 标准，Ⅱ级合格。

相关知识

一、钢板加工及常见缺陷

普通板材是由板坯经轧制而成的，板坯则可经浇铸或由坯料轧制或锻造制成。普通钢板包括碳素钢、低合金钢及奥氏体不锈钢钢板等。若按厚度分类，可分为薄板和厚板，GB/T 2970 标准《厚钢板超声波检验方法》将板厚在 6mm 以下的板材称为薄板，厚度大于 6mm 的板材称为厚板。板材中常见的缺陷有分层、折叠、裂纹、白点等。其中折叠、重皮、裂纹是产生在钢板表面的缺陷，折叠和重皮较常见，裂纹较少见。白点多出现在厚度大于 40mm 的钢板中，分层、非金属夹杂物是产生在钢板内部的缺陷。分层、非金属夹杂物也是钢板中常见缺陷，分层缺陷大都呈平面状，平行于钢板表面。较小的分层、非金属夹杂物类缺陷存在于钢板中一般是允许的，但分层、非金属夹杂物类的缺陷存在于板材焊接坡口处会使板材在焊接时产生缺陷。因此，板材坡口处从焊接角度考虑要求较为严格。

二、板材常用的检测方法

对中厚钢板一般采用纵波垂直入射法进行检测，当采用垂直入射法检测时，耦合方式有直接接触法和水浸法，采用的探头是聚焦或非聚焦的单晶直探头、双晶直探头。

1. 纵波直探头直接接触法检测

直接接触法检测是探头通过薄层耦合剂与工件接触进行检测的方法。当探头位于钢板中的完好位置时，示波屏上只有始波和多次底波，且多次底波间的距离相等，无缺陷波出现。如图 2-38（a）所示。当工件中存在小缺陷时，示波屏上缺陷回波与底波共存，底波有所下降，如图 2-38（b）所示。当工件中存在大缺陷时，示波屏上出现缺陷波的多次反射，底波明显降低或消失，如图 2-38（c）所示。

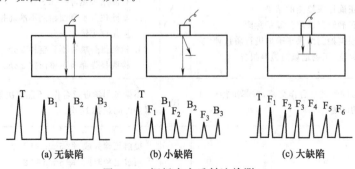

| (a) 无缺陷 | (b) 小缺陷 | (c) 大缺陷 |

图 2-38　钢板多次反射法检测

当钢板厚度较薄且存在小缺陷时，各次底波之前的缺陷波开始几次逐渐升高，然后再逐渐降低，如图 2-39 所示。这种现象的产生是由于不同反射路径的声波互相叠加造成的，因而称为叠加效应。图 2-39 中的 F_1 只有一条路径，F_2 比 F_1 多三条路径，F_3 比 F_1 多五条路径，路径多，叠加的能量多，缺陷回波高，但路径增多，衰减也增大，当衰减的影响比叠加效应的影响大时，缺陷回波开始降低，这就是缺陷波升高到一定程度后又逐渐降低的原因。

在钢板检测中，若出现叠加效应，一般根据 F_1 来评价缺陷，当板材厚度小于 20mm 时，为了减少近场区的影响，以 F_2 评价缺陷。

如果板材面积很大时，由于探头有效声束宽度有限，检测效率较低。当检测表面粗糙时，大面积的检测使探头磨损严重，耦合情况不稳定，影响检测结果的可靠性。所以，直接接触法检测更适合于小面积检测或抽查等情况下使用。

2. 纵波垂直入射水浸法检测

水浸法中探头与钢板不直接接触，而是通过一层水来耦合。局部液浸法钢板检测示意图如图 2-40 所示。

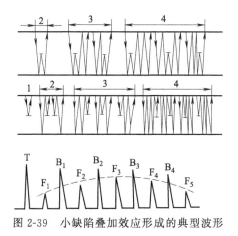

图 2-39　小缺陷叠加效应形成的典型波形

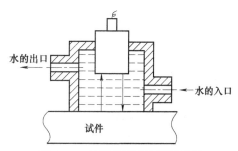

图 2-40　局部液浸法检测示意图

由于水/钢界面（钢板上表面）多次回波与钢板底面多次回波互相干扰，不利检测。可通过调整水层厚度，使水/钢界面回波分别与钢板多次底波重合，这时示波屏上波形就会变得清晰而利于检测，这种方法称为水浸多次重合法，如图 2-41 所示。当界面二次回波分别与钢板反射波一一重合时称为一次重合法。当界面二次回波分别与第二、第三、第四次钢板底波重合时称为二次重合法、三次重合法、四次重合法，依此类推。

根据钢和水中的声速，可得各次重合法水层厚度 H 与钢板厚度 δ 的关系：

$$H=n\frac{c_{水}}{c_{钢}}\delta\approx n\frac{\delta}{4} \tag{2-15}$$

式中　n——重合波次数，如 $n=1$ 为一次重合法，$n=2$ 为二次重合法。

例如，用水浸法检测厚度为 40mm 的钢板时，若采用四次重合法检测，则其水层厚度为

$$H=n\frac{\delta}{4}=4\times\frac{40}{4}\text{mm}=40\text{mm}$$

应用水浸多次重合法检测时，可以减小近场区的影响，也可以根据多次底波衰减情况来判断缺陷严重程度，一般常用四次重合法。

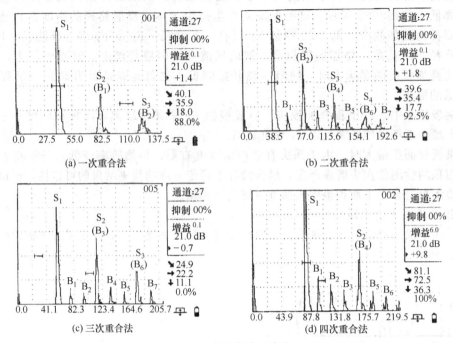

(a) 一次重合法　　　(b) 二次重合法

(c) 三次重合法　　　(d) 四次重合法

图 2-41　水浸多次重合法

任务实施

一、板材检测工艺

1. 检测方法的选择

根据检测标准，钢板检测应采用纵波直探头法进行检测，可采用水浸法和直接接触法，检测面和检测方向是在任一轧制钢板表面的垂直入射检测。这里可选用直接接触法检测。

2. 探头的选择

探头的选择包括探头频率、直径和结构形式的选择。

由于钢板晶粒比较细，为了获得较高的分辨力，宜选用较高的频率，探头的频率一般为 2.5～5MHz。

钢板面积大，为了提高检测效率，宜选用较大直径的探头。对于厚度较小的钢板，为避免大探头近场区长度大对检测的不利影响，探头的直径不宜过大，一般探头的直径范围为 $\phi10～25mm$。

探头的结构形式主要根据板厚来确定，当板厚大于 20mm 时，可选用单晶直探头。板厚较薄（6～20mm）时，为减小盲区，可选用双晶直探头。

为了提高检测效率，钢板生产厂一般选择多探头多通道检测。

承压设备用板材超声波检测一般可根据表 2-12 选用探头。

表 2-12　承压设备用板材超声波检测探头选用

板厚/mm	采用探头	公称频率/MHz	探头晶片尺寸
6～20	双晶直探头	5	晶片面积不小于 150mm²
>20～40	单晶直探头	5	$\phi14～20mm$
>40～250	单晶直探头	2.5	$\phi20～25mm$

本检测任务的板材厚度为 40mm，可选用单晶直探头进行检测，探头的型号为 2.5P20Z。

3. 扫查方式的选择

根据钢板用途和要求不同，采用的主要扫查方式分为全面扫查、列线扫查、边缘扫查和格子扫查几种。

(1) 全面扫查　如图 2-42 (a) 所示，对钢板进行 100% 的扫查，为避免缺陷漏检，每相邻两次扫查应有 10% 的重复扫查面，探头移动方向垂直于钢板压延方向。全面扫查用于要求较高的钢板检测。

(2) 列线扫查　如图 2-42 (b) 所示，在钢板上划出等距离的平行列线，探头沿列线扫查，一般列线间距不大于 100mm，并垂直于压延方向。在钢板剖口预定线两侧各 50mm（当板厚超过 100mm 时，以板厚的一半为准）内应进行 100% 扫查。

(3) 边缘扫查　在钢板边缘的一定范围内进行全面扫查，例如某钢板四周各 50mm 内进行全面扫查，如图 2-42 (c) 所示。

(4) 格子扫查　如图 2-42 (d) 所示，在钢板边缘 50mm 内进行全面扫查，其余按 200mm×200mm 的格子线扫查。

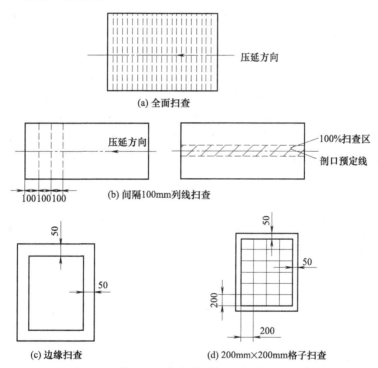

图 2-42　钢板检测扫查方式

JB/T 4730.3—2005 标准中规定：探头沿垂直于钢板压延方向，间距不大于 100mm 的平行线进行扫查，在钢板剖口预定线两侧各 50mm（当板厚超过 100mm 时，以板厚的一半为准）内应进行 100% 扫查。

4. 试块的选用及灵敏度的设定

板材检测使用的标准试块有 CBⅠ 阶梯试块、CBⅡ 平底孔试块。其中 CBⅠ 阶梯试块用于板厚小于或等于 20mm 的钢板检测，CBⅡ 平底孔试块用于板厚大于 20mm 的钢板检测。当板厚不小于三倍近场区时，且板材上下两个表面平行也可取钢板无缺陷完好部位的第一次底波来校准灵敏度，其结果与平底孔试块校准灵敏度的要求相一致。

本检测任务可选用平底孔试块 CBⅡ-1 调节检测灵敏度。按 JB/T 4703.3—2005 标准规定，板厚大于 20mm 时，应将 CBⅡ试块中 ϕ5mm 平底孔第一次反射波高调整到满刻度的 50％作为基准灵敏度。

5. 扫查速度的选择

为了防止漏检，手工检测时扫查速度应在 0.2m/s 以内，要根据所使用仪器的脉冲重复频率和响应速度调节扫查速度，液晶显示屏和其他响应速度较慢的仪器，应使用较小的扫查速度。

水浸自动检测系统的最大扫查速度与要求检出的最小缺陷尺寸、所检钢板的板厚和超声检测仪器限定的脉冲重复频率有关。

在检测时超声波脉冲之间的间隔时间，至少应大于超声波在材料中传播时间（脉冲在材料中往返所需时间）的 60 倍，只有这样才能避免前一个脉冲的多次回波的干扰，避免形成幻象波。但脉冲最大重复频率还应根据板厚决定。在高速扫查时，脉冲重复频率应该足够高，但至少是超声波脉冲在板中传播时间的 3 倍，以使最小尺寸的缺陷信号能够显示。

6. 表面补偿

标准试块表面粗糙度为 $Ra = 3.2\mu m$，而钢板表面状况为轧制，因此应进行表面补偿，根据经验，可补偿 4dB。

7. 扫描速度的设定

采用直探头检测时，利用纵波的声程来调节扫描速度。钢板检测时的检测范围一般根据板厚来确定，用接触法检测板厚在 30mm 以下的钢板时，应能看到 B_{10}，检测范围调至 300mm 左右。板厚在 30～80mm 时，应能看到 B_5，检测范围为 400mm 左右。板厚大于 80mm 时，可适当减少底波的次数，但检测范围仍要保证在 400mm 左右。本检测任务的板厚为 40mm，应能看到 B_5，检测范围为 200mm 左右，可将扫描速度调节为 1:2。

二、操作步骤

1. 探伤面的准备

清除影响超声波检测的氧化皮、锈蚀和油污。可用钢丝刷清除钢板表面的氧化皮、锈蚀等，用有机溶剂清理钢板表面的油污。

2. 扫描速度的调节

利用无缺陷处的钢板底面回波调节扫描速度，将探头对准 $T = 40mm$ 的钢板，找到其底面回波 B_1、B_2，调整微调和脉调移位旋钮，使底波 B_1、B_2 分别对准 20 和 40，这时扫描速度调为 1:2。

3. 灵敏度的调节

将探头对准 CBⅡ-1 试块中距检测面 15mm 处的 ϕ5mm 平底孔，找到最高反射回波，将回波高度调为满刻度的 50％，作为基准灵敏度。

4. 扫查检测

将探头放置在钢板上进行间距不大于 100mm 列线扫查，坡口预定线周边 50mm 宽度范围内进行 100％扫查，探头移动间距小于晶片尺寸，并保证 15％的重叠，探头的移动速度不大于 150mm /s。

5. 缺陷的识别与测定

（1）缺陷的识别 在钢板检测中应根据缺陷波和底波来判别钢板中的缺陷情况，满足下列条件之一的均作为缺陷予以标识和记录。

① 缺陷第一次反射波 $F_1 \geqslant 50％$。

② 第一次底波 $B_1 < 100％$，第一次缺陷反射波 F_1 与第一次底波 B_1 之比 $F_1/B_1 \geqslant 50％$。

③ 第一次底波 $B_1 < 50\%$。

（2）缺陷的测定 检测中达到要求记录水平的缺陷应测定其位置、大小，并估判缺陷的性质。

① 缺陷位置的测定 根据缺陷波对应的水平刻度值和扫描速度确定缺陷的深度，根据发现缺陷时探头的位置确定缺陷的平面位置。

② 缺陷大小的测定 一般使用绝对灵敏度法测定缺陷的大小，在板材超声波检测中常按下述方法测定缺陷的范围和大小。

a. 检出缺陷后，应在它的周围继续进行检测，以确定缺陷范围。

b. 用双晶直探头确定缺陷的边界范围或指示长度时，探头的移动方向应与探头的隔声层相垂直，并使缺陷波下降到基准灵敏度条件下显示屏满刻度 25% 或使缺陷第一次反射波波高与底面第一次反射波波高比为 50%。此时探头中心的移动距离即为缺陷的指示长度，探头中心即为缺陷的边界点。两种方法测定的结果以较严重者为准。

c. 用单直探头确定缺陷的边界范围或指示长度，并移动探头，使缺陷第一次反射波波高下降到基准灵敏度条件下显示屏满刻度 25% 或使缺陷第一次反射波波高与底面第一次反射波波高比为 50%。此时探头中心移动的距离即为缺陷的指示长度，探头中心即为缺陷的边界点。两种方法测得的结果以较严重者为准。

d. 按底面第一次反射波（B_1）波高低于满刻度 50% 确定的缺陷在测定缺陷的边界范围或指示长度时，移动探头（单直探头或双直探头）使底面第一次反射波升高到显示屏满刻度的 50%。此时探头中心的移动距离即为缺陷的指示长度，探头中心即为缺陷的边界点。

此外，在测定缺陷大小时还应注意叠加效应的识别。叠加效应是指在薄板中当缺陷较小时，缺陷反射波从第一次开始，第二次、第三次反射波逐渐增高，增高到一定程度以后的反射波又逐渐降低的现象。

③ 缺陷性质的识别 根据缺陷反射波和底波特点来估计缺陷的性质。

a. 分层 缺陷波形陡直，底波明显下降或完全消失。

b. 折叠 不一定有缺陷波，但始波脉冲加宽，底波明显下降或消失。

c. 白点 波形密集、互相彼连，移动探头此起彼伏，十分活跃，重复性差。

三、钢板超声检测报告

1. 根据检测结果进行板材检测的缺陷评定及质量分级

JB/T 4703.3—2005 标准根据缺陷的性质、指示长度、指示面积来进行缺陷的评定与质量分级，规定如下。

（1）缺陷的评定

① 单个缺陷指示长度的评定规则 单个缺陷按其指示长度的最大长度作为该缺陷的指示长度。若单个缺陷的指示长度小于 40mm 时，可不记录。

② 单个缺陷指示面积的评定规则 单个缺陷的指示面积＝缺陷的指示长度×缺陷的指示宽度（与长度方向垂直的最大尺寸）。

a. 一个缺陷按其指示面积作为该缺陷的单个指示面积。

b. 多个缺陷其相邻间距小于 100mm 或间距小于相邻较小缺陷的指示长度（取其最大值）时，以各缺陷面积之和作为单个缺陷指示面积。

c. 指示面积不计的单个缺陷见表 2-13。

③ 缺陷面积百分比的评定规则 在任一 1m×1m 的检测面积内，按缺陷面积所占百分比来确定。如钢板面积小于 1m×1m 时，可按比例折算。

（2）质量分级

① 钢板质量分级见表 2-13。

② 在剖口预定线两侧各 50mm（当板厚超过 100mm 时，以板厚一半为准）内，缺陷的指示长度大于或等于 50mm 时，应评为 V 级。

③ 在检测过程中，检测人员如确认钢板中有白点、裂纹等危害性缺陷的存在时，应评为 V 级。

表 2-13　钢板质量分级

等级	单个缺陷指示长度/mm	单个缺陷指示面积/cm²	在任一 1m×1m 检测面积内存在的缺陷面积百分比/%	以下单个缺陷指示面积不计/cm²
I	<80	<25	≤3	<9
II	<100	<50	≤5	<15
III	<120	<100	≤10	<25
IV	<150	<100	≤10	<25
V	超过IV级者			

2. 填写检测报告

根据检测结果，填写如表 2-14 所示的检测报告。

表 2-14　钢板超声检测报告

工程名称		工程编号		检测日期	
产品名称		产品编号		材质	
规格/mm		检测时机		检测数量	
表面状态		热处理状态		炉批号	
仪器型号		仪器编号		探头型号	
试块种类		检测面		检测方法	
扫查方式		耦合剂		表面补偿	
扫描线调节		检测灵敏度		底波次数	
检测标准			检测比例		
验收标准			合格级别		

检测结果	缺陷返修情况说明
1 本产品质量最终评为：□符合　□不符合标准要求 2 检测位置及缺陷情况详见报告附图	1 本产品返修部位共计　　处，其中最高返修次数　次，返修率　　%，一次合格率　　% 2 超标缺陷部位□未返修。　返修后经复验，□合格　□不合格 3 返修部位及缺陷情况详见报告附图

缺陷记录								
钢板编号	序号	F₁≥50%	B₁<100%时 F₁/B₁≥50%	B₁<50%	缺陷指示长度/mm	缺陷指示面积/mm²	1m×1m 检测面积内存在的缺陷面积百分比/%	缺陷深度/mm	评定级别

检测：	审核：	签发：	检测专用章
资格：	资格：	资格：	
年　月　日	年　月　日	年　月　日	年　月　日

任务评价

评分标准见表 2-15。

表 2-15 评分标准

考核项目	考核要求	配分	评分标准	扣分	得分
熟悉检测标准	1. 熟悉检测标准 2. 正确使用检测标准	10	1. 对检测标准不熟悉,选用错扣 5 分 2. 不能正确使用检测标准,对标准不清晰扣 5 分		
正确设计检测工艺卡	1. 根据被检工件正确选用超声波探伤仪 2. 正确选用探头型号及规格 3. 正确选择灵敏度试块 4. 正确设定管材检测的参数 5. 完整、正确地填写检测工艺卡	20	1. 检测方法选择错扣 2 分 2. 探头选错扣 2 分 3. 试块选错扣 2 分 4. 耦合剂选错扣 1 分 5. 扫描速度设定错扣 2 分 6. 灵敏度设定错扣 2 分 7. 扫查方式错扣 2 分 8. 检测参数设计错扣 4 分 9. 示意图绘制错扣 2 分 10. 检测时机选错扣 1 分		
板材超声波检测操作	1. 能正确地调节仪器(设定检测参数、调节扫描速度、调节灵敏度) 2. 能识别缺陷波并确定缺陷的位置及当量尺寸	40	1. 检测参数设定错扣 5 分 2. 扫描速度调节错扣 5 分 3. 灵敏度调节错扣 5 分 4. 扫查方式错扣 5 分 5. 不能正确区分缺陷波扣 5 分 6. 缺陷的位置错扣 5 分 7. 缺陷漏检扣 5 分 8. 多检出缺陷扣 5 分		
缺陷的评定及检测报告的填写	1. 正确记录检测结果 2. 正确绘制缺陷位置示意图 3. 根据检测结果正确地进行质量评定 4. 完整、正确地填写检测报告	20	1. 检测结果填写错扣 5 分 2. 缺陷位置示意图绘制不准确扣 5 分 3. 质量评定错扣 5 分 4. 检测报告填写不完整扣 3 分 5. 检测报告卷面不整洁扣 2 分		
团队合作能力	能与同学进行合作交流,并解决操作时遇到的问题	10	不能与同学进行合作,不能解决操作时遇到的问题扣 10 分		
时间	1h		提前正确完成,每 5min 加 2 分 超过定额时间,每 5min 扣 2 分		

综 合 训 练

一、是非题 (在题后括号内,正确的画〇,错误的画×)

1. 只要有作机械振动的波源就能产生机械波。 ( )

2. 振动是波动的根源,波动是振动状态的传播。 ( )

3. 介质中质点的振动方向与波的传播方向互相垂直的波称为纵波。 ( )

4. 当介质质点受到交变剪切应力作用时,产生切变形变,从而形成横波。 ( )

5. 根据介质质点的振动方向相对于波的传播方向的不同,波形可分为纵波、横波、表面波和板波等。 ( )

6. 波的叠加原理说明，几列波在同一介质中传播并相遇时，可以合成一个波继续传播。（　　）

7. 超声波垂直入射到光滑平界面时，声强反射率等于声强透过率，两者之和等于1。（　　）

8. 超声波垂直入射到光滑平界面时，界面一侧的总声压等于另一侧的总声压，说明能量守恒。（　　）

9. 超声波垂直入射到光滑平界面时，其声压反射率或透过率仅与界面两种介质的声阻抗有关。（　　）

10. 当超声波声束以一定角度倾斜入射到不同介质的界面上，产生同类型的反射和折射波，这种现象就是波型转换。（　　）

11. 超声波倾斜入射到界面时，界面上入射声束的折射角等于反射角。（　　）

12. 超声波倾斜入射到界面在第一临界角时，第二介质中只有折射横波。（　　）

13. 为使工件中只有单一横波，斜探头入射角应选择为第一临界角或第二临界角。（　　）

14. 引起超声波衰减的主要原因有波速扩散、晶粒散射、介质吸收。（　　）

15. 超声波探伤仪根据显示形式不同可分为 A 形显示、B 形显示和 C 形显示三种。（　　）

16. 超声波探头又称为换能器，它的作用是电能和声能的转换。（　　）

17. 超声波探头发射超声波时产生正压电效应，接收超声波时产生逆压电效应。（　　）

18. 聚集探头根据焦点形状不同分为点聚焦和线聚焦。（　　）

19. 工件表面比较粗糙时，为防止探头磨损和保护晶片，宜选用硬保护膜。（　　）

20. 标准试块的材质、形状、尺寸及精度，使用单位可以根据自行确定。（　　）

21. 仪器水平线性的好坏直接影响到对缺陷当量大小的判断。（　　）

22. 探头的选择包括探头的形式、频率、晶片尺寸和斜探头 K 值等。（　　）

23. 实际检测中，检测面积大的工件时，为了提高检测效率宜采用小晶片探头。（　　）

24. 检测小型工件时，为了提高缺陷定位定量精度宜选用小晶片探头。（　　）

25. 为提高工作效率，应采用较大直径的探头对较薄的钢板进行检测。（　　）

26. 钢板常用的扫查方式为全面扫查、列线扫查、边缘扫查、格子扫查。（　　）

27. 钢板超声波检测时，通常只根据缺陷波情况判定缺陷。（　　）

28. 板材检测时，探头的结构形式主要根据板厚来确定，当板厚大于 20mm 时，可选用单晶直探头。（　　）

29. 在焊接接头超声波检测中，根据在试块上测得的数据绘制而成的距离-波幅曲线，若要计入表面补偿 3dB，则应将三条线同时上移 3dB。（　　）

30. 焊接接头横波检测在满足灵敏度要求的情况下，应尽可能选用 K 值较大的探头。（　　）

31. 焊接接头检测时的检测区的宽度为焊缝本身加上焊缝两侧各相当于母材厚度 30% 的一段区域，这个区域最小为 5mm，最大为 10mm。（　　）

32. 采用 B 级检测技术对母材厚度为 8～46mm 的对接焊接接头超声波检测时，一般用一种 K 值探头，采用直射波法和一次反射波法在对接焊接接头的双面双侧进行检测。（　　）

二、问答题

1. 什么是超声波？产生超声波的必要条件是什么？在超声波检测中应用了超声波的哪些主要性质？

2. 什么是平面波、柱面波和球面波？各有何特点？

3. 什么是波的叠加原理？波的叠加原理说明了什么？

4. 什么是波的干涉现象？

5. 什么是绕射？绕射现象的发生与哪些因素有关？其现象产生的条件是什么？

6. 什么是波型转换？其转换时各种反射和折射波方向遵循什么规律？

7. 什么是超声波衰减？衰减的种类有哪些？

8. 纵波直探头、横波斜探头分别适用于对哪类缺陷进行检测？

9. 试块的主要作用是什么？

10. 使用试块时应注意什么？

11. 简述选择超声波探头频率的原则。

12. 怎样选择超声波检测探头的晶片尺寸？

13. 什么是检测灵敏度？仪器系统灵敏度的常用校准方法有哪些？

14. 超声检测仪器系统的校准及灵敏度设定有哪些内容？

15. 钢板中常见缺陷有哪几种？钢板检测为什么采用直探头？

16. 当检测的钢板厚度大于探头的三倍近场长度时，如何用底波来校准灵敏度？

17. 对接焊接接头超声波检测时，为什么常采用横波检测？如何选择探头折射角？

18. 在焊接接头检测时，探头基本扫查方式包括哪几种？什么情况下应确定缺陷位置、最大反射波幅和缺陷定量？

模块三　磁粉检测

磁粉检测是利用磁现象来检测材料和工件中表面及近表面缺陷的一种无损检测方法。1928 年，Alfred de Forest 为了解决油井钻杆的断裂失效问题，研究出周向磁化法，经过不懈的努力，磁粉检测方法基本研制成功，并获得了较可靠的检测结果。现在，随着新型检测设备的研制成功，磁粉检测从半自动、全自动到专用设备，从单向磁化到多向磁化。磁粉检测的器材也得到了很好的发展，如与固定式探伤机配合使用的 400W 冷光源黑光灯和高强黑光灯、快速断电试验器、标准试片和试块及测量剩磁用的磁强计都形成系列产品的配套使用。这些检测设备与器材的开发与研制成功，加速了磁粉检测技术的发展。

项目一　磁粉检测基础知识

学习目标

- 了解磁场和磁现象，熟悉磁场中的基本物理量。
- 掌握铁磁性材料的磁化过程、磁特性曲线及磁滞回线。
- 熟悉漏磁场与退磁场的形成和影响因素。
- 掌握磁粉检测的原理及特点。

一、磁场与磁力线

自然界中有些物体具有吸引铁、钴、镍等物质的特性，把这些具有磁性的物体称为磁体，使原来不带有磁性的物体变得具有磁性的现象称为磁化，能够被磁化的材料称为磁性材料。磁体是能够建立或有能力建立外加磁场的物体，有永磁体、电磁体、超导磁体等种类。

磁铁各部分的磁性强弱不同，靠近磁铁两端磁性特别强、吸附磁粉特别多的区域称为磁极。条形磁铁周围的磁场如图 3-1 所示。

如把一块磁体悬挂起来，磁体的一个极永远指向地球的北方，而另一个极永远指向地球的南方，把指向北方的磁极称为北极（N），把指向南方的磁极称为南极（S）。每个磁体上的磁极总是成对出现的，没有单独的 N 极和 S 极。磁极具有同性相斥、异性相吸的特性。磁极间相互排斥及相互吸引的力称为磁力，凡是磁力可以到达的空间，称为磁场。如果在纸板上均匀撒上铁屑，将一条形磁铁水平地放在纸板上面，轻轻振动纸板，铁屑在磁铁的磁场作用下，就会排列成有规则的线条，为了形象地描述磁场，人们将这些有规则的线条称为磁力线。图 3-2 所示为条形磁铁的磁力线分布。

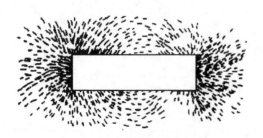

图 3-1　条形磁铁周围的磁场

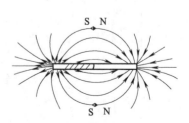

图 3-2　条形磁铁的磁力线分布

全部的磁力线构成了磁场。磁力线所通过的闭合路径称为磁路。磁力线具有以下的特性。

① 磁力线是具有方向的闭合曲线。磁力线总是由 N 极发出进入 S 极，在磁体内，则由 S 极通向 N 极。

② 磁力线贯穿整个磁体，但彼此互不相交。

③ 磁力线可描述磁场的大小和方向，磁力线的密度随着磁极的间距增加而降低。

④ 异性磁极的磁力线容易沿着磁阻最小的路径通过。

二、磁场中的基本物理量

为了形象地表示磁场的强弱与特性，引入了关于磁场的几个物理量。

1. 磁场强度

磁场强度是磁场在给定点的强度，是表征磁场大小和方向的物理量。在磁场里任一点放一单位磁极，作用于该单位磁极的磁力大小表示该点的磁场大小，磁力线上每点的切线方向代表磁场的方向。磁场强度符号用 H 来表示，磁场强度的单位是用稳定电流在空间产生磁场的大小来规定的，单位为 A/m。一根载有直流电流 I 的无限长直导线，在离导线轴线为 r 的地方所产生的磁场强度为

$$H = \frac{I}{2\pi r} \qquad (3\text{-}1)$$

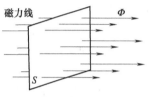

图 3-3　垂直通过某截面的磁力线条数

2. 磁通量

磁通量简称磁通，它是垂直穿过某一截面的磁力线条数，用符号 Φ 表示，如图 3-3 所示。

在均匀磁场中，当磁感应强度方向垂直于截面 S 时，通过该截面 S 的磁通量表示为

$$\Phi = BS \qquad (3\text{-}2)$$

式中　B——磁通密度，T；

　　　Φ——磁通量，Wb；

　　　S——磁力线垂直穿过的单位面积，m^2。

3. 磁通密度与磁感应强度

垂直穿过单位面积上的磁通量（或磁力线条数）称为磁通密度，用符号 B 表示。

$$B = \frac{\Phi}{S} \qquad (3\text{-}3)$$

将原来不具有磁性的铁磁性材料放入外加磁场内便得到磁化，除了原来的外加磁场外，在磁化状态下铁磁性材料自身还产生一个感应磁场，这两个磁场叠加起来的总磁场，称为磁感应强度，用符号 B 表示。磁感应强度和磁场强度一样，具有大小和方向，可以用磁感应线表示。通常把铁磁性材料中的磁力线称为磁感应线。磁感应线上每点的切线方向代表该点的磁感应强度方向，磁感应强度大小也等于垂直穿过单位面积上的磁通量，所以磁感应强度又称为磁通密度。

磁场强度与磁感应强度不同的是，磁场强度只与激励电流有关，与被磁化的物质无关，而磁感应强度不仅与磁场强度有关，还与被磁化的物质有关，如与材料磁导率 μ 有关系。因为 $B = \mu H$，所以铁磁性材料的磁导率 μ 越大，磁感应强度 B 就越大，这就是铁磁性材料的磁感应强度 B 远大于磁场强度 H 的理由。

4. 磁导率

（1）绝对磁导率　磁感应强度 B 与磁场强度 H 的比值称为磁导率，或称为绝对磁导

率，用符号 μ 表示。磁导率表示材料被磁化的难易程度，它反映了材料的导磁能力，单位是 H/m。

（2）真空磁导率　在真空中，磁导率是一个不变的恒定值。用 μ_0 表示，称为真空磁导率，$\mu_0 = 4\pi \times 10^{-7} \text{H/m}$。

（3）相对磁导率　为了比较各种材料的导磁能力，把任一种材料的磁导率和真空磁导率的比值，称为该材料的相对磁导率，用 μ_r 表示，μ_r 为一纯数，无单位。

$$\mu_r = \frac{\mu}{\mu_0} \tag{3-4}$$

三、铁磁性材料

1. 磁介质

能影响磁场的物质称为磁介质。各种宏观物质对磁场都有不同程度的影响，因此一般都是磁介质。

磁介质分为顺磁性材料（顺磁质）、抗磁性材料（抗磁质）和铁磁性材料（铁磁质），抗磁性材料又称逆磁性材料。

顺磁性材料——相对磁导率 μ_r 略大于1，在外加磁场中呈现微弱磁性，并产生与外加磁场同方向的附加磁场，顺磁性材料如铝、铬、锰，能被磁体轻微吸引。

抗磁性材料——相对磁导率 μ_r 略大于1，在外加磁场中呈现微弱磁性，并产生与外加磁场反方向的附加磁场，抗磁性材料如铜、银、金，能被磁体轻微排斥。

铁磁性材料——相对磁导率 μ_r 远远大于1，在外加磁场中呈现很强的磁性，并产生与外加磁场同方向的附加磁场，铁磁性材料如铁、镍、钴及其合金，能被磁体强烈吸引。

磁粉检测只适用于铁磁性材料。通常把顺磁性材料和抗磁性材料都列入非磁性材料。

2. 磁畴

任何物质都是由分子和原子组成的，原子由带正电的原子核和绕核旋转的电子组成，电子不仅绕核旋转，而且还进行自转，而电子自转效应是主要的，产生此效应，相当于一个非常小的电流环，原子、分子等微观粒子内电子的这些运动便形成了分子流，这是物质磁性的基本来源。在铁磁性材料内部形成自发磁化的小区域，在每个小区域内分子电流的磁矩方向是相同的，所以把铁磁性材料内部自发磁化的小区域称为磁畴，其体积数量级约为 10^{-3}cm^3。在没有外加磁场作用时，铁磁性材料内各磁畴的磁矩方向相互抵消，对外不显示磁性，如图 3-4（a）所示。当把铁磁性材料放到外加磁场中去时，磁畴就会受到外加磁场的作用，一是使磁畴磁矩转动，二是使畴壁（畴壁是相邻磁畴的分界面）发生位移，最后全部磁畴的磁矩方向转向与外加磁场方向一致，如图 3-4（b）所示，铁磁性材料被磁化。铁磁性材料被磁化后，就变成磁体，显示出很强的磁性。去掉外加磁场后，磁畴出现局部转动，但仍保留一定的剩余磁性，如图 3-4（c）所示。

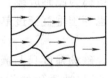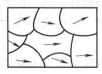

(a) 不显示磁性　　　　(b) 磁化　　　　(c) 保留一定磁性

图 3-4　铁磁性材料的磁畴方向

3. 磁化曲线

铁磁性材料中磁分子所产生的附加磁场不会随着外加磁场的增强而无限地增强，当磁分子的磁场方向完全与外磁场方向一致时，附加磁场的强度即达到饱和。用于表示铁磁性材料磁感应强度 B 随磁场强度 H 变化规律的曲线，称为材料的磁化曲线，如图 3-5 所示，它反映了铁磁性材料的磁化程度随外磁场变化的规律。

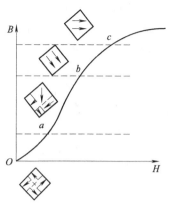

由图 3-5 的曲线可以看出，铁磁性材料磁化过程可以看成是由四个部分组成的，即初始阶段、急剧磁化阶段、近饱和磁化阶段和饱和磁化阶段。其中 Oa 段称为初始阶段，由于磁畴的惯性，当 H 增加时，B 不能立即上升很快，使这一阶段的曲线较平缓。这时的磁化过程是可逆的，即当 H 退回到零，B 也会退回到零；ab 段为急剧磁化阶段，H 增加时 B 增加得很快，材料得到急剧磁化，这个阶段是不可逆的，即 H 退回到零，B 并不沿原曲线减退；bc 段为近饱

图 3-5 铁磁性材料的磁化曲线

和磁化阶段，在这一阶段 H 增加时 B 增加又缓慢下来，产生了一个转折，c 点常称为膝点；过了 c 点为饱和阶段，由于所有的磁畴几乎都转向 H 方向，H 增加时，B 几乎不再增加，达到了磁饱和状态。

4. 磁滞回线

描述磁滞现象的闭合磁化曲线称为磁滞回线，如图 3-6 所示。当铁磁性材料在外加磁场强度作用下磁化到 1 点后，减小磁场强度到零，磁感应强度并不沿曲线 1-0 下降，而是沿曲线 1-2 降到 2 点，这种磁感应强度变化滞后于磁场强度变化的现象称为磁滞现象，它反映了

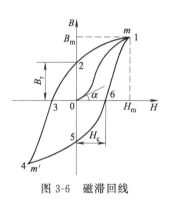

磁化过程的不可逆性。当磁场强度增大到 1 点时，磁感应强度不再增加，得到的 0-1 曲线称为初始磁化曲线。当外加磁场强度 H 减小到零时，保留在材料中的磁性，称为剩余磁感应强度，简称剩磁，用 B_r 表示，如图中的 0-2 和 0-5。为了使剩磁减小到零必须施加一个反向磁场强度，使剩磁降为零所施加的反向磁场强度称为矫顽力，用 H_c 表示，如图中的 0-3 和 0-6。

如果反向磁场强度继续增加，材料就呈现与原来方向相反的磁性。同样可达到饱和点 m'，当 H 从负值减小到零时材料具有反方向的剩磁 B_r，即 0-5。磁场经过零值后再向正方向增加时，为了使 B_r 减小到零，必须施加一个反向磁场强度，如图中的 0-6，磁场强度在正方向继续增加时曲线回到 1 点，完

图 3-6 磁滞回线

成一个循环，如图中的 1-2-3-4-5-6-1，即材料内的磁感应强度 B 是按照一条对称于坐标原点的闭合磁化曲线变化的，这条闭合曲线称为磁滞回线。只有交流电才产生这种磁滞回线。

四、漏磁场与退磁场

1. 漏磁场的形成

由于空气的磁导率远远低于铁磁性材料的磁导率，如果在磁化了的铁磁性工件上存在着不连续性或裂纹，则磁感应线优先通过磁导率高的工件，就迫使一部分磁感应线从缺陷下面绕过，形成磁感应线的压缩。但是，这部分材料可容纳磁感应线数目是有限的，所以，一部分磁感应线应会逸出工件表面到空气中去。其中，一部分磁感应线继续其原来的路径，仍从缺陷中穿过，还有一部分磁感应线遵循折射定律几乎从钢材表面垂直地进入空间，绕过缺陷，折回工件，形成了漏磁场。所以，漏磁场其实是在铁磁性材料的缺陷处或磁路的截面变化处，磁感应线离开或进入表面时所形成的磁场。

2. 影响漏磁场强度的主要因素

真实的缺陷具有复杂的几何形状，计算其漏磁场强度大小是困难的。但可以通过对影响漏磁场的一般规律进行探讨，了解影响漏磁场强度的主要因素。

（1）外加磁场强度的影响 缺陷的漏磁场强度大小与工件的磁化程度有关，一般来说，在材料未达到近饱和前，漏磁场的反应是不充分的，当铁磁性材料的磁感应强度达到饱和值的 80% 左右时，漏磁场强度便会迅速增加，如图 3-7 所示。

（2）缺陷位置及形状的影响

① 缺陷埋藏深度的影响 缺陷的埋藏深度，即缺陷上端距工件表面的距离，对漏磁场产生有很大的影响。同样的缺陷，位于工件表面时，产生的漏磁场强度大；若位于工件的近表面，产生的漏磁场强度显著减小；若位于距工件表面很深的位置，则工件表面几乎没有漏磁场存在。

② 缺陷方向的影响 缺陷的可检出性取决于缺陷延伸方向与磁场方向的夹角。图 3-8 所示为显现缺陷方向的示意图，当缺陷垂直于磁场方向时，漏磁场强度最大，也最有利于缺陷的检出，灵敏度最高，随着夹角由 90° 减小，灵敏度下降；当缺陷与磁场方向平行或夹角小于 30° 时，则几乎不产生漏磁场，不能检出缺陷。

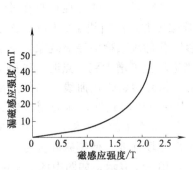

图 3-7　漏磁场与铁磁性材料
磁感应强度的关系

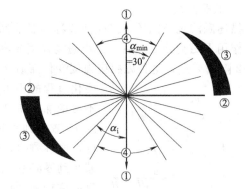

图 3-8　显现缺陷方向的示意图
①—磁场方向；②—最佳灵敏度；
③—灵敏度减小；④—灵敏度不足；
α—磁场和缺陷夹角（α_{min} 为显现最小角度；α_i 为实例）

③ 缺陷深宽比的影响 同样宽度的表面缺陷，如果深度不同，产生的漏磁场也不同。在一定范围内，漏磁场强度的增加与缺陷深度的增加几乎成线性关系；当深度增大到一定值后，漏磁场强度增加变得缓慢。当缺陷的宽度很小时，漏磁场强度随着宽度的增加而增加，并在缺陷中心形成一条磁痕；当缺陷的宽度很大时，漏磁场强度反而下降，如表面划伤又浅又宽，产生的漏磁场强度很小，在缺陷两侧形成磁痕，而缺陷根部没有磁痕显示。

缺陷的深宽比是影响漏磁场强度的一个重要因素，缺陷的深宽比越大，漏磁场强度越大，缺陷越容易检出。

（3）工件材料及状态的影响 钢材的磁化曲线是随合金成分、含碳量、加工状态及热处理状态而变化的，因此材料的磁特性不同，缺陷的漏磁场也不同。一般来说，易于磁化的材料容易产生漏磁场。

（4）工件表面覆盖层的影响 工件表面覆盖层会导致漏磁场强度在表面上的减小，若工件表面进行了喷丸强化处理，由于处理层的缺陷被强化处理所掩盖，漏磁场的强度也将大大降低，有时甚至影响缺陷的检出。

3. 退磁场

将直径相同、长度不同的几根圆钢棒，分别放在同一线圈中用相同的磁场强度磁化，将标准试片贴在圆钢棒中部表面，或用磁强计测量圆钢棒中部表面的磁场强度，会发现长径比大的圆钢棒比长径比小的圆钢棒上磁痕显示清晰，磁场强度也大。出现这种现象的原因是因为圆钢棒在外加磁场中磁化时，在它的端部产生了磁极，这些磁极形成了磁场 ΔH，其方向与外加磁场 H_0 相反，因而削弱了外加磁场 H_0 对圆钢棒的磁化作用。所以把铁磁性材料

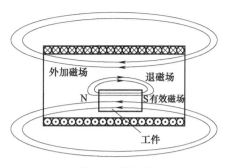

图 3-9　退磁场

磁化时，由材料中磁极所产生的磁场称为退磁场，也称反磁场（图 3-9），它对外加磁场有削弱作用。退磁场的磁场强度与材料的磁化强度 M 成正比，即

$$\Delta H = NM \tag{3-5}$$

式中　ΔH——退磁场，A/m；

$\quad\quad M$——磁化强度，A/m；

$\quad\quad N$——退磁因子。

铁磁性材料磁化时，只要在工件上产生磁极，就会产生退磁场，退磁场又会削弱外加磁场，所以工件上的有效磁场与外加磁场不相等，用 H 表示，等于外加磁场 H_0 减去退磁场 ΔH，退磁场越大，铁磁性材料的有效磁场越小，材料越不容易磁化。

退磁场使工件上的有效磁场减小，同样也使磁感应强度减小，直接影响工件的磁化效果，为了保证工件磁化效果，通过研究影响退磁场的因素，采用适当的方法克服退磁场的影响。退磁场的大小主要与以下几个因素有关。

（1）外加磁场强度大小的影响　对工件进行磁化时，外加磁场越大，工件磁化得越好，产生的 N 极和 S 极磁场越强，因而退磁场也越大。

（2）工件 L/D 的影响　对两根长度相同而直径不同的钢棒分别放在同一线圈中用相同的磁场强度进行磁化时，L/D 大的比 L/D 值小的钢棒表面磁场强度大，其退磁场小。

（3）工件几何形状的影响　纵向磁化所需的磁场强度大小与工件几何形状及 L/D 值有关，这种影响磁场强度的几何形状因素称为退磁因子，用 N 表示，它是 L/D 的函数。对于完整闭合的环形试样，$N=0$，对于球体，$N=0.333$，长短轴比值等于 2 的椭圆体，$N=0.73$，对于圆钢棒，N 与钢棒的长度和直径比 L/D 的关系是，L/D 越小，N 越大，即随着 L/D 的减小，N 增大，退磁场增大。

五、磁粉检测的原理与特点

1. 磁粉检测的原理

铁磁性材料工件被磁化后，由于不连续性因素的存在，使工件表面和近表面的磁力线发生局部畸变而产生漏磁场，吸附施加在工件表面的磁粉，在合适的光照下形成目视可见的磁痕，从而显示出不连续的位置、大小、形状和严重程度，如图 3-10 所示。

2. 磁粉检测的特点

① 显示直观。磁痕能直观地显示缺陷的形状、位置、大小，可大致判断缺陷的性质。

② 检测灵敏度高。可检测的最小缺陷宽度可达 $0.1\mu m$，能发现深度只有 10 多微米的微裂纹。

③ 适应性好。几乎不受工件大小和几何形状的限制，能适应各种场合的现场作业。

④ 效率高、成本低。磁粉检测设备简单，操作方便，检测速度快，费用低廉。

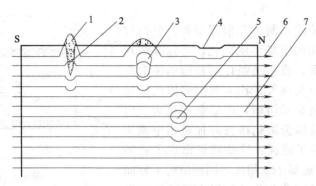

图 3-10　不连续处漏磁场分布

1—漏磁场；2—裂纹；3—近表面缺陷；4—划伤；5—内部气孔；6—磁感应线；7—工件

⑤ 只能适用于检测铁磁性金属材料。

⑥ 只能用于检测工件表面和近表面缺陷，不能检出埋藏较深的内部缺陷。

⑦ 难于定量缺陷的深度。

项目二　磁粉检测的设备与器材

学习目标

- 了解磁粉检测设备的分类。
- 熟悉磁粉、磁悬液的分类以及磁悬液的浓度对检测灵敏度的影响。
- 掌握标准试片及试块的作用及使用。
- 了解常用的磁粉检测测量仪器。

一、磁粉检测设备

1. 磁粉检测设备的分类

根据磁粉检测机的结构不同，可将磁粉检测机按其结构分为一体型和分立型两大类。其中，一体型的磁粉检测机由磁化电源、夹持装置、磁粉施加装置、观察装置、退磁装置等部分组成。分立型的磁粉检测机一般包括磁化电源、夹持装置、退磁装置、断电相位控制器等。按磁粉检测机的体积和重量，可分为固定式、移动式和便携式三类。

图 3-11　CJW-4000A 型磁粉检测机

（1）固定式磁粉检测机　这类磁粉检测机安装在固定的场所，电流可以是直流电源，也可以是交流电源。额定周向磁化电流一般为 1000 ～ 10000A。最常见的固定式磁粉检测机为卧式湿法磁粉检测机，设有放置工件的床身，可进行包括通电法、中心导体法、感应电流法、线圈法、磁轭法整体磁化或复合磁化等多种磁化方式。还配置了退磁装置和磁悬液搅拌喷洒装置、紫外线灯，适用于对中小工件的检测。图 3-11 所示为 CJW-4000A 型磁粉检测机。

（2）移动式磁粉检测机　这类磁粉检测机是一种分立式的检测装置，具有较大的灵活性和良好的适应性。它的体积较固定式小，重量比固定式轻，能在许可的范围内自由移动，便于适应不同检测要求的需要。移动式磁粉检测机主体是一个用晶闸管控制的磁化电源，配合使用的附件为支杆探头、磁化线圈（或电磁轭）、软电缆等。该类型设备的磁化电流和退磁电流从 100A 到 6000A，最高可达到10000A。这类设备一般装有滚轮可推动，或吊装在车上拉到检测现场，主要用于对大型工件进行检测。图 3-12 所示为移动式磁粉检测机。

图 3-12 移动式磁粉检测机

（3）便携式磁粉检测机 这类磁粉检测机具有体积小、重量轻和携带方便的特点，适合于野外和高空作业，便携式设备以磁轭法为主，也有用支杆触头方法的，磁轭有 Ⅱ 型磁轭及十字交叉旋转磁轭等多种，也有采用永久磁铁磁轭的。现在常用的四极磁轭便携式磁粉检测机，采用交流电的交叉线圈进行复合磁化，在四个极的旁边装有小轮，检测时可移动，由于这种设备使用方便，周向、纵向磁化一起完成，特别在焊接接头的检测中深受欢迎。图 3-13 所示为 CDX-Ⅲ 型便携式磁粉检测机。

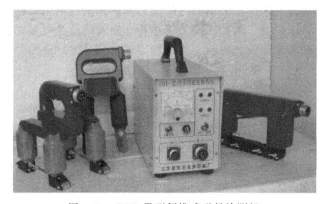

图 3-13 CDX-Ⅲ型便携式磁粉检测机

2. 磁粉检测设备的主要组成

不管是一体化磁粉检测机还是分立式磁粉检测机，它们都是由磁化电源装置、夹持装置、指示与控制装置、磁粉施加装置、照明装置和退磁装置组成的。

（1）磁化电源 是磁粉检测机的核心部分，它的主要作用是产生磁场，对工件进行磁化。在不同的磁粉检测机中，由于磁化方式和使用方式不同，可以采用不同电路和结构的磁化电源。

（2）工件夹持装置 主要作用是用来夹紧工件，使其通过电流的电极或通过磁场的磁极装置。固定式磁粉检测机中，夹持装置是夹紧工件的夹头，为了适应不同工件检测的需要，探伤机夹头之间的距离是可调的，并且有电动、手动和气动等多种形式。

（3）指示与控制装置 检测机上用于指示磁化电流大小的仪表及有关工作状态的指示灯，称为指示装置。电表和指示灯装在设备的面板上。控制电路装置是控制磁化电流产生和磁粉检测机使用过程的电器装置的组合。一般来说，控制电路有主控电路和辅助电路之分，主控电路是控制磁化电流产生及磁化主要动作以及退磁时所需要的电路，辅助电路一般是液压泵、夹头移动电动机、照明以及其他所需要的电路。

（4）磁粉和磁悬液喷洒装置　磁悬液喷洒装置由磁悬液槽、电动泵、软管和喷嘴组成。磁悬液槽的主要作用是储存磁悬液，并通过电动泵叶片将槽内磁悬液搅拌均匀，通过电动泵的作用使磁悬液通过喷嘴喷洒在工件上，电动泵的压力一般在 0.02～0.03MPa 之间。

（5）照明装置　缺陷磁痕显示与观察要在一定的光照条件下进行，按照使用磁粉的不同，照明观察装置有非荧光磁粉检测用的白炽灯或日光灯以及荧光磁粉检测专用的紫外线灯（黑光灯）等。

使用非荧光磁粉检测时，被检工件表面可见光照度应不小于 1000lx，并应避免强光和阴影。白炽灯和日光灯产生的光是可见光，能满足工件表面的照度要求，并且光线均匀、柔和。使用时要注意不能用光线直射人的眼睛。

使用荧光磁粉检测时，要用黑光灯来进行照明，它能产生一种长波的紫外线，当黑光照射到工件表面包覆一层荧光染料的荧光磁粉上时，荧光物质便吸收紫外线的能量，激发出黄绿色的荧光，增强对磁痕的识别能力。

（6）退磁装置　是磁粉检测机的组成部分，一般磁粉检测机上都带有退磁装置，在生产量较大的工厂也采用单独的退磁设备。

二、磁粉

磁粉是显示缺陷的重要手段，磁粉质量的优劣和选择是否恰当，将直接影响磁粉检测的结果，所以，检测人员应全面了解和正确使用磁粉。磁粉的种类很多，按磁痕观察方式进行分类，磁粉分为荧光磁粉和非荧光磁粉；按施加方式进行分类，磁粉分为湿法用磁粉和干法用磁粉。

1. 荧光磁粉

这是一种在紫外线（黑光）照射下进行磁痕观察的磁粉。荧光磁粉以磁性氧化铁粉、工业纯铁粉或羰基铁粉为核心，在铁粉外面黏附一层荧光染料树脂制成。荧光磁粉在紫外线（黑光）照射下，能发出波长范围在 510～550nm 的人眼接受最敏感的色泽鲜明的黄绿色荧光，与工件表面颜色对比度高，容易观察，能提高检测的灵敏度和检测速度，使用范围广，在湿法检测中应用较多。

2. 非荧光磁粉

在可见光下观察磁痕显示的磁粉称为非荧光磁粉。其主要成分是用物理或化学方法制成的四氧化三铁（Fe_3O_4）或三氧化二铁（Fe_2O_3）粉末，并用染色及其他方法处理成不同颜色。非荧光磁粉按使用情况不同，分为干式磁粉和湿式磁粉。干粉直接喷洒在被检工件表面进行工件质量检测，适用于干法检测。湿粉在使用时应以油或水作分散剂，配制成磁悬液后使用，适用于湿法检测。

3. 磁粉的性能

磁粉检测是靠磁粉聚集在漏磁场处形成的磁痕显示缺陷的，磁粉的质量优劣直接影响检测效果，磁粉的性能主要包括磁性、粒度、形状、流动性、密度、识别度等。因此了解和选择性能好的磁粉十分重要。

（1）磁性　磁粉的磁性与磁粉被漏磁场吸附形成磁痕的能力有关。磁粉应具有高磁导率、低矫顽力和低剩磁的特性。高磁导率的磁粉容易被缺陷产生的微小漏磁场磁化和吸附，聚集起来便于识别。如果磁粉的矫顽力和剩磁大，磁化后，磁粉形成磁极，彼此吸引聚集成团不容易分散开，磁粉也会被吸附到工件表面不易去除，形成过度背景，甚至会掩盖相关显示。若磁粉吸附在管道上，还会使油路堵塞。

（2）粒度　磁粉的粒度也就是磁粉颗粒的大小，粒度的大小对磁粉的悬浮性和漏磁场对磁粉的吸附能力都有很大的影响。选择适当的磁粉粒度时，应考虑缺陷的性质、尺寸、埋藏深度及磁粉的施加方式。

在磁粉检测中，一般推荐干法用 80～160 目的粗磁粉，湿法用 300～400 目的细磁粉。

（3）形状　磁粉有各种各样的形状，如条形、椭圆形、球形或其他不规则的颗粒形状。一般来说，条形磁粉易于磁化形成磁痕。球形磁粉有良好的流动性，为了使磁粉既有良好的磁吸附性能，又有良好的流动性，所以理想的磁粉应由一定比例的条形、球形和其他形状的磁粉混合在一起使用。

（4）流动性　为了能有效地检出缺陷，磁粉必须能在受检工件表面流动，以便被漏磁场吸附形成磁痕显示。

（5）密度　磁粉的密度也是影响磁粉移动性的一个因素，密度大的磁粉难于被弱的磁场吸住，而且在磁悬液中的悬浮性差，沉淀速度快，降低了检测灵敏度。一般湿法用的氧化铁磁粉密度约为 $4.5g/cm^3$，空心球形磁粉密度约为 $0.7～2.3g/cm^3$。

（6）识别度　是指磁粉的光学性能，包括磁粉的颜色、荧光亮度及与工件表面颜色的对比度。对于非荧光磁粉，只有磁粉的颜色与工件表面的颜色形成很大对比度时，磁痕才容易被观察到，缺陷才容易被发现。对于荧光磁粉，在黑光下观察时，工件表面呈紫色，只有微弱的可见光本底，磁痕呈黄绿色，色泽鲜明，能提供最大的对比度和亮度。

总体来说，影响磁粉使用性能的因素有以上六个方面，但这些因素是相互关联、相互制约的，不能孤立地追求单一指标，否则会导致检测的失败。

三、磁悬液

磁粉和载液按一定比例混合而成的悬浮液体称为磁悬液。用于悬浮磁粉的液体称为载液。按所使用的载液不同，大致可分为油基磁悬液和水基磁悬液两种。

1. 油基磁悬液

由磁粉和油液（煤油或变压器油）配制而成的磁悬液称为油基磁悬液。油基磁悬液应具有低黏度、高闪点、无荧光、无臭味和无毒性等特点。在一定的使用温度范围内，尤其在较低温度下，若油的黏度小，磁悬液流动性好，检测灵敏度高。

油基磁悬液优先用于如下场合：对腐蚀应严加防止的某些铁基合金（如精加工的某些轴承和轴承套）；水可能会引起电击的地方；在水中浸泡可引起氢脆或腐蚀的某些高强度钢和金属材料。

2. 水基磁悬液

由磁粉和水为主并与其他药品所配制而成的磁悬液称为水基磁悬液。水基磁悬液必须添加润湿剂、防锈剂和消泡剂等。一般水基磁悬液应具有以下性能。

（1）分散性　用水分散剂配制好的水磁悬液，能均匀地分散所用的检测磁粉，在有效使用期中，磁粉不结成团。

（2）润湿性　配置好的水磁悬液，在操作时能较迅速地润湿被检工件的表面，以便于磁粉的移动和吸引。

（3）防锈性　工件在检测后，在规定时间内存放不生锈。

（4）消泡性　能在较短时间内自动消除由于搅拌或喷洒作用引起的大量泡沫，以保证正常的检测。

（5）稳定性　在规定的储存期内，其使用性能不发生变化。

用水作载液的优点是水不易燃、黏度小、来源广、价格低廉。但不适用于在水中浸泡可引起氢脆或腐蚀的某些高强度合金钢和金属材料。

3. 磁悬液的浓度

每升磁悬液中所含磁粉的质量（g/L）或每 100mL 磁悬液沉淀出磁粉的体积（mL/100mL）称为磁悬液浓度。前者称为磁悬液配制浓度，后者称为磁悬液沉淀浓度。

磁悬液浓度对显示缺陷的灵敏度影响很大，浓度不同，检测灵敏度也不同。浓度太低，影响漏磁场对磁粉的吸附量，磁痕不清晰，会使缺陷漏检；浓度太高，会在工件表面滞留很多磁粉，形成过度背景，甚至会掩盖相关显示。所以国内、外标准都对磁悬液浓度范围进行了严格限制，磁悬液浓度大小的选用与磁粉的种类、粒度、施加方式和工件表面状态等因素有关，JB/T 4730.4—2005 中对磁悬液浓度的要求如表 3-1 所示。

表 3-1　磁悬液浓度

磁粉类型	配制浓度/(g/L)	沉淀浓度(含固体量)/(mL/100mL)
非荧光磁粉	10～25	1.2～2.4
荧光磁粉	0.5～3.0	0.1～0.4

对光亮工件，应采用黏度和浓度都大一些的磁悬液进行检测。对表面粗糙的工件，应采用黏度和浓度小的磁悬液进行检测。

四、标准试块和标准试片

1. 标准试块的用途

试块主要适用于检验磁粉检测设备、磁粉和磁悬液的综合性能（系统灵敏度），也用于考察磁粉检测的试验条件和操作方法是否恰当，还可用于检测各种磁化电流及磁化电流大小不同时产生的磁场在标准试块上大致的渗入深度。

试块不适用于确定被检工件的磁化规范，也不能用于考察被检工件表面的磁场方向和有效磁化区。

2. 标准试块的类型

标准试块也是磁粉检测必备的器材之一，以下简称试块。

磁粉检测的标准试块有两种，一种是 B 型试块，一种是 E 型试块。B 型试块用于直流电磁化，与美国的 Beta 环等效。E 型试块用于交流电磁化，与日本和英国的同类试块接近。另外，还有磁场指示器、自然缺陷标准试件。

（1）B 型标准试块　这种试块用于校验直流磁粉检测机。国家标准样品 B 型试块的形状和尺寸如图 3-14 所示。其尺寸如表 3-2 所示。材料为经退火处理的 9CrWMn 钢锻件，其硬度为 90～95HRB。

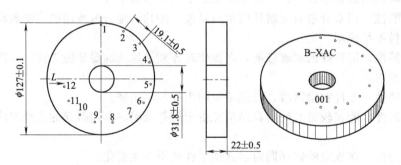

图 3-14　国家标准样品 B 型试块的形状

表 3-2　国家标准样品 B 型试块的尺寸

孔号	1	2	3	4	5	6	7	8	9	10	11	12
通孔中心距外缘距离 L/mm	1.78	3.56	5.33	7.11	8.89	10.6	12.4	14.2	16.0	17.7	19.5	21.3

注：1. 12 个通孔直径 D 为 $\phi(1.78\pm0.08)$mm。

2. 通孔中心距外缘距离 L 的尺寸公差为 ±0.08mm。

（2）E 型标准试块　这种试块用于检验交流磁粉检测机。试块采用经退火处理晶粒度不低于 4 级的 10 钢锻件制成。形状如图 3-15 所示，尺寸如表 3-3 所示。

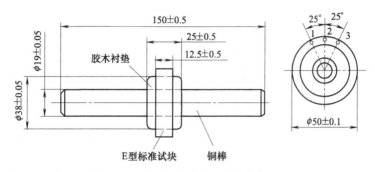

图 3-15　国家标准样品 E 型试块的形状

表 3-3　国家标准样品 E 型试块的尺寸

孔号	1	2	3
通孔中心距外缘距离/mm	1.5	2.0	2.5
通孔直径/mm	$\phi1$		

注：1. 3 个通孔直径为 $\phi1.0^{+0.08}_{-0.05}$mm。

2. 通孔中心距外缘距离公差为 $^{0}_{\pm0.05}$mm。

（3）磁场指示器　是用电炉铜焊条将 8 块低碳钢片与铜片焊在一起的磁场方向指示装置，如图 3-16 所示。

使用时将指示器铜面朝上，八块低碳钢面朝下紧贴被检工件，用连续法给指示器铜面施加磁悬液，观察磁痕可以了解试验工件表面上磁场的方向，由于这种试块刚性较大，不可能与工件表面（尤其是曲面）很好贴合，难以模拟出真实工件表面状况，所以不能作为磁场强度大小及磁场分布的定量依据。

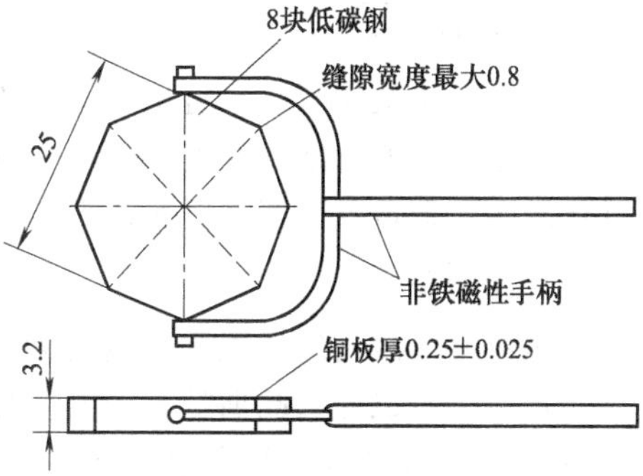

3. 标准试片的用途

① 用于检验磁粉检测设备、磁粉和磁悬液的综合性能（系统灵敏度）。

图 3-16　磁场指示器

② 用于检测被检工件表面的磁场方向，有效磁化区和大致的有效磁场强度。

③ 用于考察所用的检测工艺规程和操作方法是否妥当。

④ 当无法计算复杂工件的磁化规范时，将试片贴在复杂工件的不同部位，可大致确定较理想的磁化规范。

4.标准试片的类型

我国使用的标准试片主要有 A_1 型、C 型、D 型和 M_1 型四种。表3-4列出了标准试片常用的规格。磁粉检测时一般应选用 A_1-30/100 型标准试片。当检测焊缝坡口等狭小部位，由于尺寸关系，A_1 型标准试片使用不便时，一般可选用 C-15/50 型标准试片。为了更准确地推断出被检工件表面的磁化状态，当用户需要或技术文件有规定时，可选用 D 型或 M_1 型标准试片。

表 3-4　磁粉检测标准试片的类型、规格

试片类型	规格:缺陷-槽深/试片厚度(μm)	图形和尺寸
A_1 型	A_1-7/50 A_1-15/50 A_1-15/100 A_1-30/100 A_1-60/100	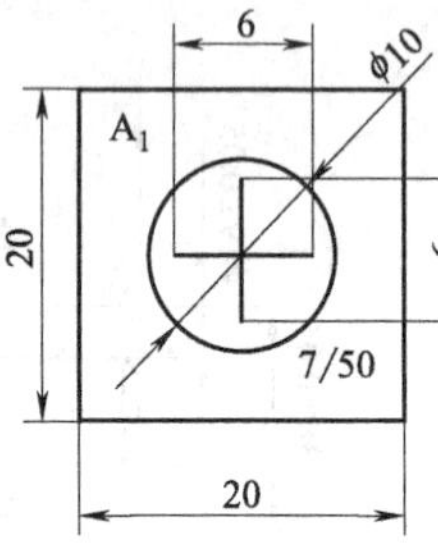
C 型	C-8/50 C-15/50	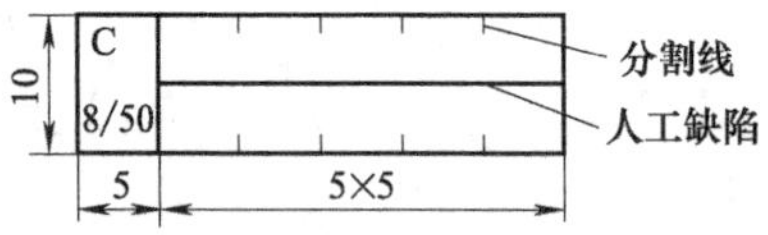
D 型	D-7/50 D-15/50	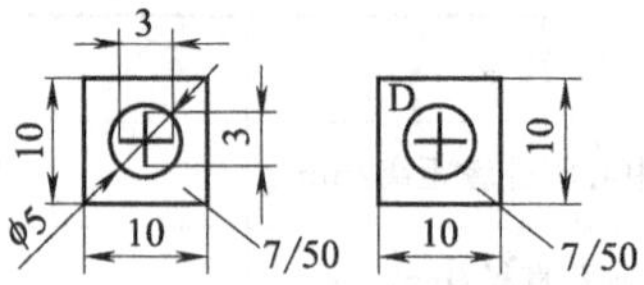
M_1 型	ϕ12mm　　7/50 ϕ9mm　　15/50 ϕ6mm　　30/50	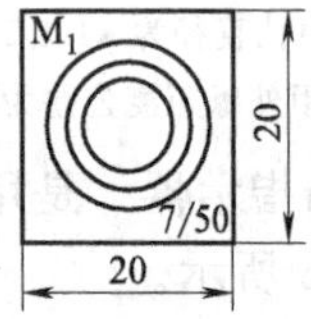

注：C 型标准试片可剪成 5 个小试片分别使用。

在使用标准试片时，应将试片无人工缺陷的面朝外，为使试片与被检面接触良好，可用透明胶带将其平整地粘贴在被检面上，并注意胶带不能覆盖试片上的人工缺陷。当标准试片表面有锈蚀、皱折或磁特性发生改变时不得继续使用。

五、测量仪器

磁粉检测中涉及磁场强度、剩磁大小、白光照度、黑光辐照度和通电时间等的测量。

（1）毫特斯拉计（高斯计）　当电流垂直于外加磁场方向通过半导体时，在垂直于电流和磁场方向的物体两侧产生电势差，这种现象称为霍尔效应。毫特斯拉计是利用霍尔效应制造的测量磁场强度的仪器，它的探头是一个霍尔元件，当与被测磁场中磁感应强度的方向垂直时，霍尔电势差最大，因此在测量时要转动探头，读表头指针的指示值达到最大时读数。

（2）袖珍式磁强计　是利用力矩原理制成的简易测磁仪，主要用于工件退磁后剩磁大小的快速直接测量，也可用于铁磁性材料工件在检测、加工和使用过程中剩磁的快速测量。使

用时，为消除地磁场的影响，工件应沿东西方向放置，将磁强计上有箭头指向的一侧紧靠工件被测部位，指针偏转角度的大小代表剩磁大小。如图 3-17 所示，其尺寸为 $\phi 60\text{mm} \times 20\text{mm}$。

（3）照度计 是用于测量被检工件表面的可见光照度的仪器，常见的有 ST-85 型自动量程照度计和 ST-80C 型照度计，量程是 0～199900lx，分辨力为 0.1lx，照度计如图 3-18 所示。

图 3-18 照度计

图 3-17 袖珍式磁强计

（4）黑光辐照计 UV-A 型黑光辐照计用于测量波长范围为 320～400nm、峰值波长约为 365nm 的黑光的辐照度。黑光辐照计如图 3-19 所示。

（5）通电时间测量器 如袖珍式电秒表，用于测量通电磁化时间。

（6）磁粉吸附仪 用于检定和测试磁粉的磁吸附性能，来表征磁粉的磁特性和磁导率大小。

图 3-19 黑光辐照计

项目三 磁粉检测工艺

学习目标

• 熟悉磁粉检测的工艺流程。
• 掌握工件检测方法的确定。
• 熟悉磁痕的辨别。
• 了解工件退磁的原理和方法。

磁粉检测工艺过程主要包括磁粉检测的预处理、工件的磁化、施加磁粉或磁悬液、磁痕的观察与记录、缺陷评定、退磁与后处理的全过程。正确地执行磁粉检测的工艺流程，才能保证检测的工作质量。图 3-20 所示为磁粉检测工艺流程图。

一、工件的预处理

因为磁粉检测是用于检测工件的表面缺陷，工件的表面状态对于磁粉检测的操作和灵敏度都有很大的影响，所以磁粉检测前，对工件应做好以下预处理工作，以确保检测工作的

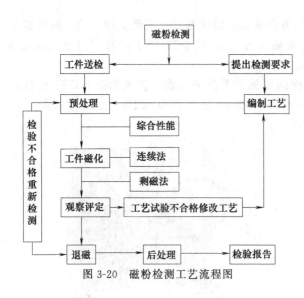

图 3-20 磁粉检测工艺流程图

质量。

① 工件表面的清理。清除工件表面的油污、铁锈、氧化皮、毛刺、焊接飞溅物等杂质；使用水悬液进行检测时，工件表面要认真除油；使用油悬液时，工件表面不应有水分；干法检测时，工件表面应干净和干燥。

② 打磨通电部位的非导电层和毛刺。通电部位存在非导电层（如漆层及磷化层等）及毛刺会隔断磁化电流，还容易在通电时产生电弧烧伤工件。因此，必须将与电极接触部位的非导电覆盖层打磨掉。

③ 分解组合装配件。由于装配件一般形状和结构复杂，磁化和退磁都困难，分解后检测操作容易进行。

④ 若工件有盲孔和内腔，磁悬液流进后难以清洗，检测前应将孔洞用非研磨性材料封堵上。应注意，检测使用过的工件时，小心封堵物盖住疲劳裂纹。

⑤ 如果磁痕与工件表面颜色对比度小，或工件表面粗糙影响磁痕显示时，可在检测前先给工件表面涂敷一层反差增强剂。

二、磁化

磁化工件是磁粉检测中最关键的工序。对检测灵敏度有决定性的影响，磁化不足可能漏检；磁化过度，会产生杂乱显示，影响判伤。磁化工件是根据工件的材质和结构尺寸来选择磁粉检测方法和磁化方法、磁化电流等工艺参数，使工件在缺陷处产生足够的漏磁场，以便吸附磁粉来显示缺陷。

1. 磁化电流

在被检件上产生磁场所施加的电流称为磁化电流。磁粉检测中常用的磁化电流有交流电、直流电、半波整流和三相全波整流等。

（1）交流电　目前国内应用最广泛的磁化电流是交流电，交流电来源方便，它可利用工业用电，仅需一台变压器就可产生低电压大电流，所以制成的设备重量轻、价格便宜。使用交流电作为磁化电流还有很多优点，特别是交流电可使磁通趋向被检件的表面，它对检测表面的不连续特别有利，同时，由于交变电流有脉冲效应，可增加施加于被检件上磁粉的活动性，使磁粉更容易被不连续漏磁场吸引而形成可见显示。另外，交流电产生的磁场较容易退磁。交流电的集肤效应是优点，但也是一种缺点，它对离表面较深的不连续不易检测。

（2）直流电　磁粉检测使用最早的磁化电流是直流电，它通过蓄电池并联来输出高电流，直流电是一种稳恒电流，它的大小和方向都不随时间变化。直流电的优点是产生的磁场能深入到零件内部，可检测离表面较深的不连续，直流电的另一优点是产生的剩磁能有力地吸住磁粉。但直流电也有明显的缺点，如电池需经常充电，使用不方便，且退磁也较为困难等。直流电只适用于湿法，不适用于干法检查。

（3）半波整流　单相交流电经过半波整流后就成为半波整流电流，这是一种脉冲电流。

半波整流的特点是既具有直流电的性质，能检测零件表面下较深的不连续，又具有交流电的性质，使磁场有强烈的脉动性，有助于磁粉的活动。它的另一特点是电设备简单，用整流装置和交流装置组合制成的移动式设备或便携式设备，特别适用于焊接接头、铸件等的检测。半波整流的缺点是退磁困难。

（4）三相全波整流　是把三相交流电经过全波整流后产生一个与直流相似的电流（三相全波整流），这种电流最接近直流。三相全波整流的特点是除了具有很强的穿透能力，能检测较深的表面下不连续外，还具有某些交流电的性质。三相全波整流另一明显优点是它的电流分别从电源线的三相引出，所以需用的功率几乎减少一半，而且电流的负载也较为平衡，因每相提供了一部分电流。

2. 磁化方法

按照根据工件的几何形状、尺寸大小和欲发现缺陷的方向而在工件上建立的磁场方向，磁化方法一般分为周向磁化、纵向磁化和多向磁化。周向与纵向，是相对被检工件上的磁场方向而言的。

（1）周向磁化　给工件直接通电，或者使电流通过贯穿空心工件孔中的导体，在工件中建立一个环绕工件的并与工件轴相垂直的周向闭合磁场，用于发现与工件轴平行的纵向缺陷。

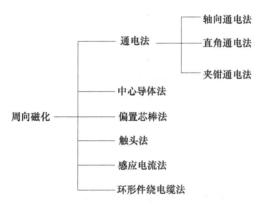

（2）纵向磁化　将电流通过环绕工件的线圈，沿工件纵长方向磁化，工件中的磁感应线平行于线圈的中心轴线，用于发现与工件轴相垂直的周向缺陷（横向缺陷）。利用电磁轭和永久磁铁磁化，使磁感应线平行于工件纵轴的磁化方法也属于纵向磁化。

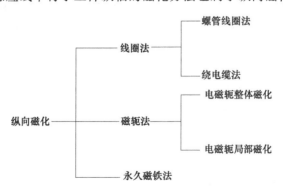

（3）多向磁化　也称复合磁化，通过复合磁化，在工件中产生一个大小和方向随时间成圆形、椭圆形或螺旋形轨迹变化的磁场，因为磁场的方向在工件上不断地变化着，所以可发现工件上多个方向的缺陷。

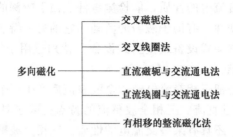

交叉磁轭法

交叉线圈法

多向磁化　　直流磁轭与交流通电法

直流线圈与交流通电法

有相移的整流磁化法

3. 磁化规范

对工件磁化、选择磁化电流值或磁场强度值所遵循的规则称为磁化规范。磁粉检测应使用既能检测出所有的有害缺陷，又能区分磁痕显示的最小磁场强度进行检测。因磁场强度过大易产生过度背景，会掩盖相关显示；磁场强度过小，磁痕显示不清晰，难以发现缺陷。磁化规范正确与否直接影响检测的灵敏度。

磁场强度足够的磁化规范可通过下述一种或综合四种方法来确定。

（1）用经验公式计算　对于形状规则的工件，磁化规范可用经验公式计算，这些公式可提供一个大略的指导，使用时应与其他磁场强度监控方法结合使用。

（2）用毫特斯拉计测量工件表面的切向磁场强度　测量时，将磁强计的探头放在被检工件表面，确定切向磁场强度的最大值，连续法只要达到 2.4～4.8kA/m 磁场强度所用的磁化电流，可以替代用经验公式计算出的电流值。

（3）测绘钢材磁特性曲线　上述制定磁化规范的方法，只考虑了工件的尺寸和形状，而未将材料的磁特性考虑进去，这是因为大多数工程用钢，在相应的磁场强度下，其相对磁导率均在 240 以上，用上述方法一般可得到所要求的检测灵敏度。但是随着钢材品种的增加，钢材的磁特性差异也会愈来愈大，对于那些与普通结构钢的磁特性差别较大的钢，显然用同一规范磁化是不合适的，所以最好在测绘了它的磁特性曲线后再制定磁化规范，才能获得理想的检测灵敏度。

（4）用标准试片确定　用标准试片的磁痕显示程度确定磁化规范，尤其对于形状复杂的工件，难以用计算法求得磁化规范时，把标准试片贴在被磁化工件的不同部位，可确定大致理想的磁化规范。

三、磁粉介质的施加

磁粉检测是以磁粉作显示介质对缺陷进行观察的方法。根据磁化时施加的磁粉介质种类，检测方法分为干法和湿法。按照工件上施加磁粉的时间，检测方法分为连续法和剩磁法。

1. 干法

以空气为载体用干磁粉进行检测。

（1）适用范围

① 粗糙表面的工件。

② 灵敏度要求不高的工件。

（2）操作要点

① 工件表面和磁粉均完全干燥。

② 工件磁化后施加磁粉，在观察和分析磁痕后再撤磁场。

③ 磁痕的观察、磁粉的施加、多余磁粉的去除同时进行。

④ 干磁粉要薄而均匀地覆盖于工件表面。

（3）优点

① 检测大裂纹灵敏度高。

② 用干法＋单相半波整流，检测工件近表面缺陷灵敏度高。

③ 适用于现场检测。

（4）局限性

① 检测微小缺陷的灵敏度不如湿法。

② 磁粉不易回收。

③ 不适用于剩磁法检测。

2. 湿法

将磁粉悬浮在载液中进行磁粉检测。

（1）适用范围

① 连续法和剩磁法。

② 灵敏度要求较高的工件，如特种设备的焊接接头。

③ 表面微小缺陷的检测。

（2）操作要点

① 磁化前，确认整个检测表面被磁悬液润湿。

② 施加磁悬液方式有浇淋法和浸渍法。

③ 检测面上的磁悬液的流速不能过快。

④ 水悬液时，应进行水断试验。

（3）优点

① 用湿法＋交流电，检测工件表面微小缺陷灵敏度高。

② 可用于剩磁法检测和连续法检测。

③ 与固定式设备配合使用，操作方便，检测效率高，磁悬液可回收。可批量检测工件。

（4）局限性

检测大裂纹和近表面缺陷的灵敏度不如干法。

3. 连续法

在外加磁场磁化的同时，将磁粉或磁悬液施加到工件上进行磁粉检测的方法。

（1）适用范围

① 形状复杂的工件。

② 剩磁 B_r（或矫顽力 H_c）较低的工件。

③ 检测灵敏度要求较高的工件。

④ 表面覆盖层无法除掉（涂层厚度均匀，不超过 0.05mm）的工件。

（2）操作要点

① 湿法通电的同时施加磁悬液，至少通电两次，磁悬液均匀润湿后再通电几次，磁化时间 1～3s；观察可在通电的同时或断电之后进行。

② 干法先通电，通电过程中施加磁粉，完成磁粉施加并观察后才切断电源。

（3）优点

① 适用于任何铁磁性材料。

② 最高的检测灵敏度。

③ 可用于多向磁化。

④ 可用于湿法和干法检测。

（4）局限性

① 效率低。

② 易产生非相关显示。

③ 目视可达性差。

4. 剩磁法

在停止磁化后，再将磁悬液施加到工件上进行磁粉检测的方法。

（1）适用范围

① 具有相当的剩磁，一般如经过热处理的高碳钢和合金结构钢。低碳钢、处于退火状态或热变形后的钢材都不能采用剩磁法。

② 因工件几何形状限制连续法难以检测的部位。

（2）操作要点

① 磁化结束后施加磁悬液。

② 磁化时间一般控制在 0.25～1s。

③ 浇磁悬液 2～3 遍，或浸入磁悬液中 3～20s，保证充分润湿。

④ 交流磁化时，必须配备断电相位控制器。

（3）优点

① 效率高。

② 具有足够的检测灵敏度。

③ 杂乱显示少，判断磁痕方便。

④ 目视可达性好。

（4）局限性

① 剩磁低的材料不能用。

② 不能用于多向磁化。

③ 交流剩磁法磁化要配备断电相位控制器。

④ 不适用于干法检测。

四、磁痕观察与记录

1. 观察

磁痕的观察和评定一般应在磁痕形成后立即进行。磁粉检测的结果，完全依赖于检测人员目视观察和评定磁痕显示，所以目视检查时的照明极为重要。

使用非荧光磁粉检测时，被检工件表面应有充足的自然光或日光灯照明，可见光照度应不小于 1000lx，并应避免强光和阴影。使用荧光磁粉检测时使用黑光灯照明，并应在暗区内进行，暗区的环境可见光应不大于 20lx，被检工件表面的黑光辐照度应不小于 $1000\mu W/cm^2$，检测人员进入暗室后，在检测前应至少等候 3min，以使眼睛适应在暗光下工作。

2. 记录

工件上的缺陷磁痕显示记录有时需要连同检测结果保存下来，作为永久性记录。缺陷磁痕显示记录的内容是磁痕显示的位置、形状、尺寸和数量等。

缺陷磁痕显示记录一般采用以下方法。

（1）绘制磁痕草图 在草图上标明磁痕的形态、大小及尺寸。

（2）可剥性涂层 将磁痕粘在上面，取下薄膜。

（3）橡胶铸型法 镶嵌缺陷磁痕显示，直观且擦不掉，可长期保存。

（4）照相复制 用照相摄影记录缺陷磁痕时，要尽可能拍摄工件的全貌和实际尺寸，也可以拍摄工件的某一特征部位，同时把刻度尺拍摄进去。

（5）表格记录 记录下磁痕的位置、长度及数量。

五、磁痕显示分析

磁粉检测的目的是通过磁粉显示来发现缺陷，通常把磁粉检测时磁粉聚集形成的图像称为磁痕，而形成磁粉聚集的原因是各种各样的，工件上所形成的磁痕并不都是由缺陷引起的。由缺陷产生的漏磁场形成的磁痕显示称为相关显示；由工件截面突变和材料磁导率差异产生的漏磁场形成的磁痕显示称为非相关显示；不是由漏磁场形成的磁痕显示称为伪显示。

1. 伪显示

通常，不是由于漏磁场而是由不适当的技术或处理引起的磁粉聚集称为伪显示。出现伪显示的主要原因如下。

① 试件表面粗糙（如粗糙的机械加工表面、未加工的铸造表面等）导致磁粉滞留。

② 试件表面的氧化皮、锈蚀及覆盖层斑剥处的边缘也会出现磁粉的滞留。

③ 表面存在油脂、纤维或其他脏物黏附磁粉形成磁痕显示。

④ 磁悬液浓度过大、施加方式不当形成磁粉滞留。

2. 非相关显示

非相关显示不是由缺陷产生的漏磁场引起的，是由其他原因产生的漏磁场引起的。形成非相关显示的原因很多，一般与工件本身材料、工件的外形结构、采用的磁化规范和工件的制造工艺等因素有关。非相关显示的产生原因、磁痕特征和鉴别方法如下。

（1）磁极和电极附近形成的非相关显示 采用电磁轭检测时，由于磁极与工件接触处，磁力线离开工件表面和进入工件表面都产生漏磁场，而且磁极附近磁通密度大。同样，采用触头法检测时，由于电极附近电流密度大，产生的磁通密度也大。因此，在磁极和电极附近的工件表面上会产生一些磁痕显示。这类磁痕显示的特征是磁极和电极附近的磁痕多而松散，与缺陷产生的相关显示磁痕特征不同，可采用退磁后，改变磁极和电极位置，重新进行检测的方法进行鉴别，如果磁痕不再出现就是非相关显示。

（2）工件截面突变形成的非相关显示 试件内存在孔洞、键槽、齿条的部位由于截面积突变可迫使部分磁力线越出试件形成漏磁场，吸附磁粉，形成非相关显示。这类磁痕显示松散，有一定的宽度，一般都是有规律地出现在同类工件的同一部位。可根据工件的几何形状，找到磁痕显示形成的原因。

（3）磁性能突变形成的非相关显示 钢锭中出现的枝晶偏析及非金属夹杂物可沿轧制方向延伸形成纤维状组织（流线），流线与基体磁性能有突变即可形成磁痕；金相组织不均匀，由于不同金相组织的磁导率差异形成磁痕；在冷硬加工后形成的加工硬化区、试件几何形状复杂热加工时冷却速度相差悬殊区、焊接时因温度急剧改变而造成的内应力、使用过的试件上出现应力过大的部位、模锻件的分模面、两种磁导率不同材料的焊接交界处等均可因磁性能突变而形成磁痕。

（4）磁写形成的非相关显示 当两个已磁化的工件互相接触或用一钢块在一个已磁化的工件上划一下，在接触部位便会产生磁性变化，产生磁痕显示，称为磁写。磁写的磁粉附着发散，模糊不清或是断续出现，可将试件退磁后重新检测。

（5）磁化电流过大形成的非相关显示 当磁化电流过大时，在工件截面突变的极端处，磁力线并不能完全在工件内闭合，在棱角处磁力线容纳不下时会逸出工件表面，产生漏磁场，吸附磁粉形成磁痕。这类磁痕松散，沿工件棱角处分布，或者沿金属流线分布，形成过度背景。可利用退磁后，采用合适的规范磁化，判别磁痕。

3. 相关显示

相关显示是由缺陷产生的漏磁场。吸附磁粉形成的磁痕显示。相关显示影响工件的使用性能。遇到相关显示，检测人员要确定引起显示的缺陷的类型，再根据验收标准对工件作出验收或拒收的结论。工件中存在的缺陷不同，磁痕的相关显示特征也不同。

图 3-21　原材料裂纹的磁痕显示

（1）原材料缺陷的磁痕显示　原材料缺陷在材料进行冷、热加工后，可能被扩展，成为新的缺陷。原材料裂纹的磁痕呈线状，显示强烈，磁粉聚集浓密，轮廓清晰，重现性好，多与金属纤维方向一致。图 3-21 所示为原材料裂纹的磁痕显示。

（2）铸钢件缺陷的磁痕显示　铸钢件的缺陷主要有铸造裂纹、疏松、冷隔、夹杂、气孔等。

① 铸造裂纹的磁痕显示特征　热裂纹多呈连续的或半连续的曲折线状（网状或龟纹状），起始部位较宽，尾端尖细；有时呈断续条状或枝杈状，粗细均匀，显示强烈，磁粉聚集浓密，轮廓清晰，重现性好。热裂纹分布不规则，多出现在铸件的转角和薄厚交界处以及柱面和板壁面上。铸造热裂纹的磁痕显示如图 3-22 所示，铸造冷裂纹的磁痕显示如图 3-23 所示。

图 3-22　铸造热裂纹的磁痕显示

图 3-23　铸造冷裂纹的磁痕显示

② 铸造气孔的磁痕显示特征　一般多呈圆形或椭圆形，近表面气孔磁粉聚集较多，呈堆积状；远离表面的气孔则磁粉吸附稀少，浅淡而疏散，但磁痕均有一定的面积。

③ 疏松的磁痕显示特征　疏松一般产生在铸钢件最后凝固的部位。疏松的磁痕显示如图 3-24 所示。

④ 冷隔的磁痕显示特征　冷隔是铸钢件在对接或搭接面上形成的带圆角的缝隙，磁痕显示呈长条状，两端圆秃，磁粉聚集较少，浅淡而较松散。

（3）锻造缺陷的磁痕显示　锻造件的缺陷主要有锻造裂纹、锻造折叠、白点。

① 锻造裂纹的磁痕显示特征　锻造裂纹的形成与工件材料的冶金缺陷有关，也与锻造时的工艺处理不当有关，磁痕特征是大多呈现没有规则的线状，具有尖锐的根部或边缘，磁痕

图 3-24　疏松的磁痕显示

浓密清晰，呈折线或曲线状，多出现在变形比较大的部位或边缘。擦去磁痕后再重新磁化，磁痕重新出现。图 3-25 所示为锻造裂纹的磁痕显示。

② 锻造折叠的磁痕显示特征　由于模具设计不合理形成的折叠，磁痕呈纵向直线状，多出现在倒角部位。由于锻造时打击过猛形成的折叠，磁痕呈纵向弧形线。折叠的磁痕一般不浓密清晰。

③ 白点的磁痕显示特征　白点是钢材经锻压或轧制加工时，冷却过程中氢气析不出钢材而进入钢中微隙并且结合成分子状态，它和钢相变时所产生的局部应力相结合，形成巨大的局部压力，在达到钢的破裂程度以上时使钢产生内部破裂形成白点。白点的磁痕特征表现为：在横断面上，磁痕呈锯齿状或短曲线状，形似幼虫样，磁痕吸附浓厚而紧密，轮廓清晰，中部粗大，两端尖细略成辐射状分布；在纵向剖面上，磁痕沿轴向分布，类似发纹，但磁痕略弯，磁粉吸附浓密而清晰。图 3-26 所示为白点的磁痕显示。

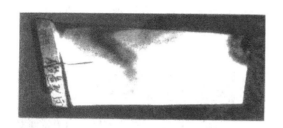

图 3-25　锻造裂纹的磁痕显示

图 3-26　白点（横断面）的磁痕显示

（4）焊接缺陷的磁痕显示　焊接缺陷主要有焊接裂纹、焊接气孔、未熔合和未焊透等。

① 焊接裂纹的磁痕显示特征　焊接裂纹是工件焊接过程中或焊接过程结束后在焊缝及热影响区出现的金属局部破裂。其磁痕特征呈纵向和横向线状、树枝状或星形线辐射状，显示强烈，磁粉聚集浓密，轮廓清晰，大小和深度不一，重现性好。图 3-27 所示为焊接裂纹的磁痕显示。

② 焊接气孔的磁痕显示特征　焊接气孔有的单独出现，有的成群出现，其磁痕显示特征与铸造气孔相同。

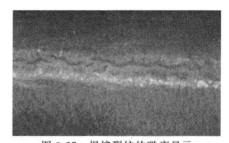

图 3-27　焊接裂纹的磁痕显示

③ 未熔合和未焊透的磁痕显示特征　未熔合和未焊透的磁痕多呈条状，磁粉聚集程度随未熔合和未焊透部位到表面距离而异，吸附松散，重现性好。未熔合的磁痕显示如图3-28所示。

（5）热处理缺陷的磁痕显示　常见的热处理缺陷有淬火裂纹、渗碳裂纹等。

① 淬火裂纹的磁痕显示特征　由于淬火裂纹是钢在高温快速冷却时产生的热应力和组织应力超过钢的抗拉强度而引起的开裂，所以一般都产生在工件的应力集中部位，如孔、键槽、尖角及截面突变处。淬火裂纹比较深，尾端尖，呈直线或弯曲线状，磁痕显示浓密清晰，如图 3-29 所示。

图 3-28　未熔合的磁痕显示

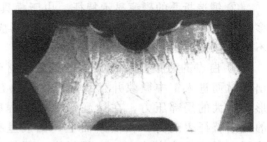

图 3-29　淬火裂纹的磁痕显示

② 渗碳裂纹的磁痕显示特征　结构钢工件渗碳后冷却过快，在热应力和组织应力作用下形成渗碳裂纹，其深度不超过渗碳层。磁痕呈线状、弧形或龟裂状，严重时造成块状剥落。

（6）使用后产生的缺陷磁痕显示　工件在使用过程中容易形成疲劳裂纹、应力腐蚀裂纹等缺陷。其中疲劳裂纹一般都出现在应力集中部位，其方向与受力方向垂直，中间粗，两头尖，磁痕浓密清晰，如图 3-30 所示。应力腐蚀裂纹一般与应力方向垂直，磁痕显示浓密清晰，如图 3-31 所示。

图 3-30　疲劳裂纹的磁痕显示

图 3-31　应力腐蚀裂纹的磁痕显示

六、退磁和后处理

1. 退磁

工件在磁粉检测后往往保留一定的剩磁，具有剩磁的工件，在加工过程中可能会加速工具的磨损，也可能干扰下道工序的进行以及影响仪表及精密设备的使用等。退磁就是消除材料磁化后的剩余磁场使其达到无磁状态的过程。

（1）退磁原理　退磁的目的是打乱由于工件磁化引起的磁畴方向排列的一致，让磁畴恢复到未磁化前的那种杂乱无章的磁中性状态，亦即 $B_r = 0$。

退磁实际上是磁化的逆过程。由于工件的剩磁方向总是与磁化方向相同，所以要消除剩磁，需施加一个反向磁场，但反向磁场也会产生一个相反方向的剩磁，要使反向磁场的剩磁小于原来方向的剩磁，就应减弱反向磁场的磁场强度，按照这个道理，即每次把磁场换向并减少强度到零，则剩磁也会减少到零。因此，退磁是将工件置于交变磁场中，产生磁滞回线，当交变磁场的幅值逐渐减弱时，磁滞回线的轨迹也越来越小，当磁场强度降为零时，使工件中残留的剩磁 B_r 接近于零，如图 3-32 所示。可以看出，退磁时电流与磁场的方向和大小的变化必须"换向和衰减同时进行"。

（2）退磁方法　根据退磁的原理，工件进行退磁时可采用反转磁场法和热处理法。反转磁场法主要有交流电退磁、直流电退磁两种。

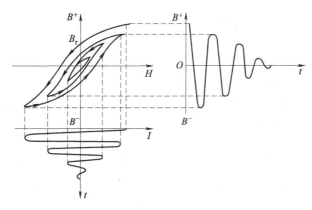

图 3-32 退磁原理

① 交流电退磁 交流电（50Hz）磁化过的工件用交流电（50Hz）进行退磁。采用交流电退磁时可采用通过法或衰减法。并可组合成以下几种方式。

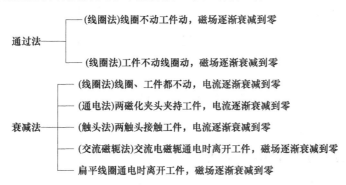

由于交流电的方向不断变换，故可用自动衰减退磁器或调压器逐渐降低电流至零进行退磁，如将工件放在线圈内、夹在检测机的两磁化夹头之间或用支杆触头接触工件后将电流递减到零进行退磁。对于大型锅炉压力容器的焊接接头，也可用交流电磁轭退磁，将电磁轭两极跨接在焊缝两侧，接通电源，让电磁轭沿焊缝缓慢移动，当远离焊缝 1m 以外再断电，进行退磁。

② 直流电退磁 采用直流磁化的零件，一般应采用直流电退磁。直流电退磁可通过直流换向衰减或超低频电流自动退磁。

直流换向衰减退磁是通过不断改变直流电的方向，同时使通过工件的电流递减到零进行退磁的。在实际退磁时，电流衰减的次数应尽可能多（一般要求反转 10～30 次），对于高磁导率的材料，降低-反转的次数可少些，对于低磁导率的材料，由于矫顽力大，降低-反转的次数就要多些。

2. 后处理

后处理包括对退磁后工件的清洗和分类标记，对有必要保留的磁痕还应用合适的方法进行保留。

经过退磁的工件，如果附着的磁粉不影响使用时，可以不进行清理。但如果残留的磁粉影响工件以后加工或使用时，则在检查后必须清理。清理主要是除去表面残留磁粉和油迹，可以用溶剂冲洗或将磁粉烘干后清除。使用水基磁悬液检测的工件为了防止表面生锈，可以用脱水防锈油进行处理。

项目四　焊接件的磁粉检测

学习目标

- 了解焊接接头磁粉检测常用的检测方法。
- 熟悉磁粉检测行业标准，能独立地完成焊接接头磁粉检测工艺的制定。
- 掌握焊接接头磁粉检测的操作要点，完成焊接接头磁粉检测的操作。

任务描述

有一台液化石油气火车槽车进行定期检测，查阅生产厂检测报告得知：产品编号为03-1，材质为 Q235，焊接接头编号如图 3-33 所示，具备检测条件。按相关规定，检验员要求其内表面打磨后按 JB/T 4730.4—2005 标准进行磁粉检测，Ⅰ级合格。

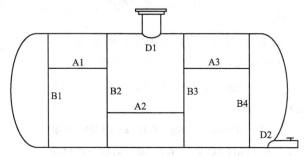

图 3-33　液化石油气火车槽车

相关知识

一、焊接接头磁粉检测的磁化方法

1. 触头法

触头法是用两触头接触工件表面，通电磁化，在工件上产生一个畸变的周向磁场，用于发现与两触头连线平行的缺陷。触头法设备分非固定触头间距（图 3-34）和固定触头间距两种。触头法又称支杆法、尖锥法、刺棒法和手持电极法。触头电极尖端材料宜用铅、钢或铝，最好不用铜，以防铜沉积于被检工件表面而影响材料的性能。

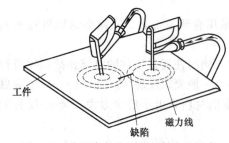

图 3-34　非固定触头间距的触头法设备

触头法用较小的磁化电流就可在工件局部得到必要的磁场强度，灵敏度高，使用方便。触头间距最短不得小于 75mm，因为在触头附近 25mm 范围内，电流密度过大，会产生过度背景，有可能掩盖相关显示。触头间距不宜过大，因为间距增大，电流流过的区域就变宽，使磁场减弱，磁化电流必须随着间距的增大相应地增加。

触头法磁化时，电极间距 L 一般应控制在 $75 \sim 200 mm$ 之间。磁场的有效宽度为触头中心线两侧 1/4 间距。两次磁化区域之间应有不小于 10％的磁化重叠区。

2. 磁轭法

磁轭法用固定式电磁轭两磁极夹住工件进行整体磁化，或用便携式电磁轭两磁极接触工件表面进行局部磁化，用于发现与两磁极连线垂直的缺陷。磁轭法分为整体磁化和局部磁化两种。

（1）整体磁化 如图 3-35 所示，用固定式电磁轭对工件进行整体磁化，实现对工件的磁粉检测。整体磁化法主要适用于形状简单、尺寸较小的工件的磁化。

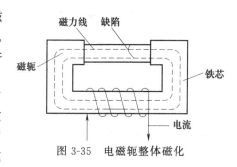

图 3-35 电磁轭整体磁化

（2）局部磁化 用便携式电磁轭的两磁极与工件接触，使工件得到局部磁化，两磁极间的磁力线大体上平行于两磁极的连线，有利于发现与两磁极连线垂直的缺陷，如图 3-36 所示。便携式电磁轭，一般做成带活动关节，磁极间距 L 一般控制在 $75\sim200\mathrm{mm}$ 为宜，但最短不得小于 $75\mathrm{mm}$。因为磁极附近 $25\mathrm{mm}$ 范围内，磁通密度过大会产生过度背景，有可能掩盖相关显示。在磁路上总磁通量一定的情况下，工件表面的磁场强度随着两极 L 的增大而减小，所以磁极间距也不能太大。JB/T 4730.4—2005《承压设备无损检测》规定："磁轭的磁极间距应控制在 $75\sim200\mathrm{mm}$ 之间，检测的有效区域为两极连线两侧各 $50\mathrm{mm}$ 的范围内，磁化区域每次应有不少于 $15\mathrm{mm}$ 的重叠"。

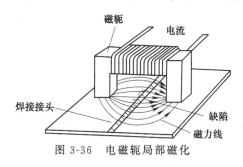

图 3-36 电磁轭局部磁化

3. 交叉磁轭法

电磁轭有两个磁极，进行磁化只能发现与两极连线垂直的和成一定角度的缺陷，对平行于两磁极连线方向的缺陷则不能发现。使用交叉磁轭可在工件表面产生旋转磁场，如图 3-37 所示，这种多向磁化技术可以检测出非常小的缺陷。因为在磁化循环的每个周期都使磁场方向与缺陷延伸方向相垂直，所以一次磁化可检测出工件表面任何方向的缺陷，检测效率高。

交叉磁轭法检测时的注意事项如下。

① 交叉磁轭磁化检测只适用于连续法，必须采用连续移动的方式进行工件磁化，且边移动交叉磁轭进行磁化，边施加磁悬液，最好不采用步进式的方法移动交叉磁轭。

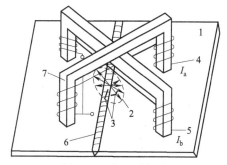

图 3-37 交叉磁轭法
1—工件；2—旋转磁场；3—缺陷；
4,5—交流电；6—焊接接头；7—交叉磁轭

② 为了确保灵敏度和不会造成漏检，磁轭的移动速度不能过快，不能超过标准规定的 $4\mathrm{m/min}$ 的移动速度，可通过标准试片上的磁痕显示来确定。当交叉磁轭移动速度过快时，对表面裂纹的检出影响不是很大，但对近表面裂纹，即使是埋藏深度只有零点几毫米，也难以形成缺陷磁痕。

③ 磁悬液的喷洒至关重要，必须在有效磁化区范围内始终保持润湿状态，以利于缺陷磁痕的形成，尤其对有埋藏深度的裂纹，由于磁悬液的喷洒不当，会使已经形成的缺陷磁痕被磁悬液冲刷掉，造成缺陷漏检。

④ 磁痕观察必须在交叉磁轭通过后立即进行，避免已形成的缺陷磁痕遭到破坏。

⑤ 交叉磁轭的外侧也存在有效磁场，可以用来磁化工件，但必须通过标准试片确定有效磁化区的范围。

⑥ 交叉磁轭磁极必须与工件接触好，特别是磁极不能悬空，最大间隙不应超过1.5mm，否则会导致检测失效。

二、磁化规范

1. 磁轭法磁化规范的确定

磁轭法的提升力是指通电电磁轭在最大磁间距时对铁磁性材料的吸引力。磁轭法提升力的大小反映了磁轭对磁化规范的要求。磁轭法磁化时，检测灵敏度可根据标准试片上的磁痕显示和电磁轭的提升力来确定。磁轭法磁化时，两磁极间距 L 一般应控制在75～200mm之间。当使用磁轭最大间距时，交流电磁轭至少有45N的提升力，直流电磁轭至少有177N的提升力，交叉磁轭至少有118N的提升力。采用便携式磁轭磁化工件时，其磁化规范应根据标准试片上的磁痕显示来验证；如果采用固定式磁轭磁化工件时，应根据标准试片上的磁痕显示来校验灵敏度是否满足要求。

2. 触头法磁化规范的确定

JB/T 4730.4—2005《承压设备无损检测》规定，连续法检测的触头法磁化电流见表3-5，磁化电流应根据标准试片实测结果校正。

表 3-5　触头法磁化电流

工件厚度 T	电流值 I
$T < 19mm$	$I = (3.5 \sim 4.5)L$
$T \geqslant 19mm$	$I = (4 \sim 5)L$

注：I—磁化电流，A；L—两触头间距，mm。

任务实施

一、检测工艺的制定

1. 检测方法的选择

本任务要求检测 A、B 类焊接接头，属于大型工件局部检测，采用便携式磁轭，便携式磁轭适用于现场及野外检测。交叉磁轭旋转磁场灵敏度可靠，检测效率也较磁轭法高，对焊接接头表面缺陷检测可以得到满意的效果。采用非荧光湿式交流连续法，对表面微小缺陷的检测灵敏度较高。综上所述，选用交叉磁轭非荧光交流湿连续法检测满足要求。

2. 磁化规范的确定

当使用磁轭最大间距时，交叉磁轭至少应有118N的提升力（磁极与试件表面间隙为0.5mm）。

3. 磁化范围的确定

用交叉磁轭旋转磁场磁化焊接试板或压力容器焊接接头时，用毫特斯拉计测量焊接试板表面各点的磁场分布。并用 A$_1$-30/100 标准试片贴在试板表面不同位置，用湿连续法检测，找出试片上磁痕清晰且工件表面磁场强度又能达到 2400A/m 的有效磁化范围，标准试片粘贴位置如图3-38所示。

二、操作步骤

1. 工件表面预处理

① 清除工件表面油脂、铁锈、飞溅、氧化皮或其他黏附磁粉的物质。

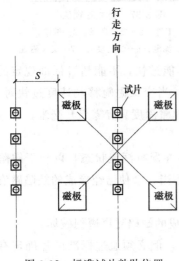

图 3-38　标准试片粘贴位置

② 磁粉检测前先将表面润湿，如果出现"水断"现象，说明表面处理不合格，应重新处理。

2. 综合灵敏度测试

根据工件材质等情况选用 A_1 型灵敏度试片，磁化时认真观察磁痕的形成及方向、强弱和大小，当灵敏度试片显示的结果符合标准要求时，方可检测。

3. 工件磁化

① 施加反差增强剂，要求薄而均匀。

② 磁悬液应充分搅拌均匀，磁化前先用磁悬液润湿工件表面。磁悬液应喷洒在正在通电磁化的交叉磁轭行走方向的前方（前上方），如图 3-39 所示。磁悬液必须在通电时间内施加完毕，停止浇洒后再停止通电。

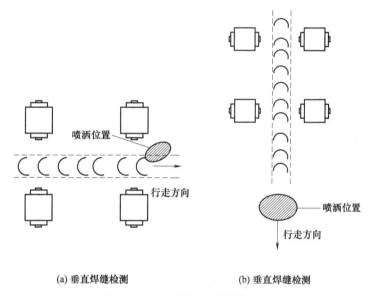

(a) 垂直焊缝检测　　　　　　　(b) 垂直焊缝检测

图 3-39　交叉磁轭法的磁化方法

③ 磁轭的移动速度不能过快，不能超过标准规定的 4m/min。

④ 交叉磁轭磁极必须与工件接触好，特别是磁极不能悬空，最大间隙不应超过 1.5mm。

4. 观察与记录

① 罐内检测磁痕的观察应在磁痕形成后立即进行。

② 应用白光照度计检测工件表面光照度。被检工件表面可见光照度应不小于 1000lx，由于条件所限无法满足时，白光照度可以适当降低，但不得小于 500lx。

③ 除能确认磁痕是由于工件材料局部磁性不均或操作不当造成的之外，其他磁痕显示应作为缺陷处理，当辨别细小磁痕时，应采用 2～10 倍放大镜进行观察。

④ 采用照相、贴印或临摹草图等方法记录缺陷性质、形状、尺寸及部位。

5. 缺陷磁痕的评定与工件验收

磁粉检测中，相关缺陷的磁痕显示反映了工件材料的有关信息，应根据产品验收技术条件对磁痕的大小、形状和性质给予评定，以确定产品是否合格。

(1) 磁痕的分类 JB/T 4730.4—2005 标准对磁痕显示的分类规定如下。

① 长度与宽度之比大于 3 的缺陷磁痕，按条状磁痕处理；长度与宽度之比小于或等于 3

的磁痕,按圆形磁痕处理。

② 长度小于0.5mm的磁痕不计。

③ 两条或两条以上缺陷磁痕在同一直线上且间距不大于2mm时,按一条磁痕处理,其长度为两条磁痕之和加间距。

④ 缺陷磁痕长轴方向与工件(轴类或管类)轴线或母线的夹角大于或等于30°时,按横向缺陷处理,其他按纵向缺陷处理。

(2)磁粉检测质量分级 磁粉检测质量分为四级,其中Ⅰ级为质量最高级,Ⅳ级为质量最低级。焊接接头的磁粉检测质量分级如表3-6所示。

表 3-6 焊接接头的磁粉检测质量分级

等级	线性缺陷磁痕	圆形缺陷磁痕(评定框尺寸为35mm×100mm)
Ⅰ	不允许	$d \leqslant 1.5mm$,且在评定框内不大于1个
Ⅱ	不允许	$d \leqslant 3.0mm$,且在评定框内不大于2个
Ⅲ	$L \leqslant 3.0mm$	$d \leqslant 4.5mm$,且在评定框内不大于4个
Ⅳ	大于Ⅲ	

注:L—线性缺陷磁痕长度;d—圆形缺陷磁痕长径。

在圆形缺陷评定区内同时存在多种缺陷时,应进行综合评级。对各类缺陷分别评定级别,取质量级别最低的级别作为综合评级的级别;当各类缺陷的级别相同时,则降低一级作为综合评级的级别。

6. 退磁及后处理

① 可不退磁。

② 清除残余反差增强剂和磁悬液。

任务评价

评分标准见表3 7。

表 3-7 评分标准

序号	考核内容	评分要素	配分	评分标准	扣分	得分
1	准备工作	1. 检查材料、设备及工具 2. 预清理:对灵敏度试片进行清理擦拭,对试件或零件表面进行清理	10	1. 设备、器材选用错扣5分 2. 未进行擦拭扣5分		
2	确定检测工艺	1. 结合被检工件的检测要求,确定磁化方法 2. 根据磁化方法选用磁悬液 3. 根据检测灵敏度要求,选用灵敏度试片 4. 确定磁化规范	20	1. 磁化方法选择错扣5分 2. 磁悬液选择错扣5分 3. 标准试片选择错扣5分 4. 磁化规范选择错扣5分		
3	磁粉检测操作	磁化操作: 1. 利用灵敏度试片进行灵敏度测试 2. 进行提升力测试 3. 要进行磁场方向相互垂直的两次磁化 4. 要保持合理的磁极间距	20	1. 未利用试片进行灵敏度测试扣5分 2. 未进行提升力测试扣5分 3. 未进行两个方向的磁化扣5分 4. 磁化规范不正确扣5分		
		施加磁悬液: 1. 施加磁悬液必需润湿试件表面 2. 施加磁悬液时要使其能够流动,不得影响已形成的磁痕 3. 停止施加磁悬液后方可断电,然后再通电两次	10	1. 未润湿表面扣2分 2. 未能够流动扣2分 3. 影响已形成的磁痕扣2分 4. 未在通电或通磁条件下施加扣2分 5. 未按要求操作扣2分		

续表

序号	考核内容	评分要素	配分	评分标准	扣分	得分
3	磁粉检测操作	磁痕的观察与记录： 1. 磁痕的观察应在试件或零件表面上的光照度不小于 1000lx 的条件下进行 2. 能正确地测量磁痕的尺寸 3. 采用适当的方法做好原始记录	15	1. 未测定光照度，或光照度达不到要求扣 5 分 2. 磁痕尺寸测量每错 1 处扣 2 分，扣完为止 3. 缺陷磁痕记录每错 1 处扣 2 分，扣完为止		
		缺陷评定与结论： 根据记录的缺陷性质、尺寸大小对照执行标准的规定进行正确评定	10	质量等级评定错扣 10 分		
		后处理工序： 测试完毕后应将试件或零件表面清理干净	5	未清洗扣 5 分		
4	团队合作能力	能与同学进行合作交流，并解决操作时遇到的问题	10	不能与同学进行合作交流解决操作时遇到的问题扣 10 分		
合计			100			

项目五　轴类工件的磁粉检测

学习目标

- 了解轴类工件磁粉检测的检测方法。
- 熟悉磁粉检测行业标准，能独立地完成轴类工件检测工艺的制定。
- 掌握轴类工件磁粉检测的操作要点，完成磁粉检测的操作。

任务描述

某机床传动轴（局部）结构尺寸如图 3-40 所示。材料牌号为 20Cr13，热处理状态为调质处理（1050℃油淬，550℃回火），齿轮表面为淬火处理（860℃油淬）。工件为机械加工表面，该工件经磁粉检测后需精加工。工件检测现场白光照度为 400lx，现要求按 JB/T 4730.4—2005 标准确定该机床传动轴（局部）磁粉检测工艺并进行现场操作。

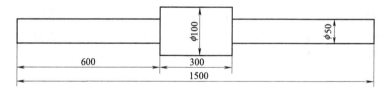

图 3-40　传动轴

相关知识

一、轴类工件磁粉检测的磁化方法

轴类工件的特点是工件长和宽的比值较大，常以压延拉伸或锻造成形，在锻造成形过程中，钢锭中的气泡、夹杂物等一般都被拉长变细，折叠、拉痕等也呈纵向分布，沿轴向延伸。因此，这类工件检测时主要以轴向通电法为主。如果加工过程中可能产生横向缺陷（如淬火裂纹、磨削裂纹等），则可辅以线圈法或磁轭法等纵向磁化的方法。

1. 轴向通电法

轴向通电法是将工件夹于检测机的两磁化夹头之间，使电流从被检工件上直接流过，在工件的表面和内部产生一个闭合的周向磁场，用于检查与磁场方向垂直、与电流方向平行的纵向缺陷。图 3-41 所示为轴向通电法最常用的磁化方法之一。图 3-42 所示的夹钳通电法不适用于大电流磁化。

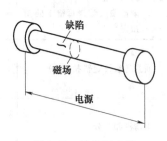

图 3-41　轴向通电法

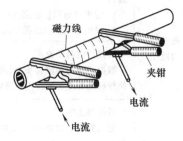

图 3-42　夹钳通电法

轴向通电法适用于实心和空心工件的焊接接头、机械加工件、轴类、管子、铸钢件和锻钢件的磁粉检测。

2. 线圈法

线圈法是将工件放在通有电流的螺管线圈中或根据工件形状的不同缠绕电缆形成的线圈中进行磁化的方法，如图 3-43 所示。

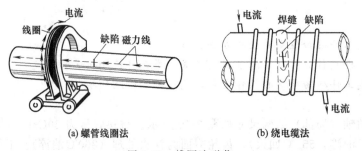

(a) 螺管线圈法　　　　　　　(b) 绕电缆法

图 3-43　线圈法磁化

当电流通过线圈时，线圈中产生的纵向磁场将使线圈中的工件感应磁化。能发现工件上沿圆周方向上的缺陷，即与线圈轴线垂直方向上的横向缺陷。利用短螺管线圈进行磁化时，形成的磁场是一个不均匀的纵向磁场，工件在磁场中得到的是不均匀的磁化。距螺管中心越近，磁场越弱，因此工件磁化时应将工件放在靠近其内壁处。对于长工件，应分段磁化每一个有效磁化区，并应有 10% 的有效磁场重叠。同时，将工件围绕平行于线圈中心轴线的方向转动，进行多次磁化。对于不能放进螺管线圈的大型工件，可采用绕电缆法磁化。

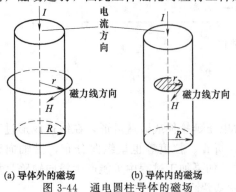

(a) 导体外的磁场　　(b) 导体内的磁场

图 3-44　通电圆柱导体的磁场

二、轴类工件磁化规范

1. 轴向通电法磁化规范

(1) 通电圆柱导体的磁场强度计算　当电流流过圆柱导体时，产生的磁场是以导体中心轴线为圆心的同心圆，如图 3-44 所示。

通电圆柱导体表面的磁场强度可由安培环路定律推导，因圆周对称，则通电圆柱导体表面的磁场强度的计算公式为

$$H = \frac{I}{2\pi R}$$

式中　H——磁场强度，A/m；

　　　I——电流强度，A；

　　　R——圆柱导体半径，m。

（2）轴向通电法的磁化规范　采用轴向通电法对工件进行磁化时，其磁化规范可由表3-8确定。

表 3-8　轴向通电法的磁化规范

检测方法	磁化电流计算公式	
	AC	FWDC
连续法	$I = (8 \sim 15)D$	$I = (12 \sim 32)D$
剩磁法	$I = (25 \sim 45)D$	$I = (25 \sim 45)D$

注：I—磁化电流，A；D—圆柱形工件直径非圆柱形工件，横截面上最大尺寸 mm。

2. 线圈法磁化规范

线圈法磁化按线圈横截面积与被检工件横截面积的比值可分为低充填因数法、高充填因数法、中充填因数法。

（1）低充填因数线圈　线圈横截面积与被检工件横截面积之比 $Y \geqslant 10$ 时，称为低充填因数。

① 当工件偏心放置时，线圈的安匝数为

$$IN = \frac{45000}{L/D}(\pm 10\%) \tag{3-6}$$

② 当工件正中放置于线圈中心时，线圈的安匝数为

$$IN = \frac{1690R}{6(L/D) - 5}(\pm 10\%) \tag{3-7}$$

式中　I——施加在线圈上的磁化电流，A；

　　　N——线圈匝数；

　　　R——线圈半径，mm；

　　　L——工件长度，mm；

　　　D——工件直径或横截面上最大尺寸，mm。

当 $L/D \geqslant 2$ 时，可应用上面公式进行计算，若 $L/D < 2$ 时，应在工件两端连接与被检工件材料接近的磁极块，使 $L/D \geqslant 2$。若 $L/D \geqslant 15$ 时，仍按 15 计算。

（2）高充填因数线圈　线圈横截面积与被检工件横截面积之比 $Y \leqslant 2$ 时，线圈的安匝数为

$$IN = \frac{35000}{(L/D) + 2}(\pm 10\%) \tag{3-8}$$

（3）中充填因数线圈　线圈横截面积与被检工件横截面积之比 $2 < Y < 10$ 时，线圈的安匝数为

$$IN = (IN)_h \frac{10 - Y}{8} + (IN)_1 \frac{Y - 2}{8} \tag{3-9}$$

式中　$(IN)_h$——由式（3-8）计算出的安匝数；

$(IN)_1$——由式（3-6）或式（3-7）计算出的安匝数。

线圈法的有效磁化区是从线圈端部向外延伸 150mm 的范围，超过 150mm 的区域，磁化强度应采用标准试片确定。当被检工件太长时，应进行分段磁化，且应有一定的重叠区。重叠区应不小于分段检测长度的 10%。检测时，磁化电流应根据标准试片实测结果来确定。

任务实施

一、检测工艺的制定

1. 检测方法的选择

该工件属于轴类工件，主要以轴向通电法为主。如果加工过程中可能产生横向缺陷（如淬火裂纹、磨削裂纹等），则可辅以线圈法或磁轭法等纵向磁化的方法。工件表面为机械加工表面，表面光洁度较高，非荧光磁粉检测能满足灵敏度要求。采用交流湿连续法检测，对工件表面微小缺陷检测灵敏度高。综上所述，此工件检测方法选择非荧光交流湿连续法，磁化方法选择轴向通电法和线圈法。

2. 检测设备与器材的选用

由于该工件选用轴向通电法和线圈法进行检测，可选用固定式磁粉检测机进行检测，这里选用 CDG-3000 型磁粉检测机，其线圈直径为 300mm，线圈匝数为 5。

根据工件检测灵敏度的要求，选用 A_1 型标准试片检验磁粉检测设备、磁粉和磁悬液的综合性能，了解被检工件表面有效磁场强度和方向、有效检测区以及磁化方法是否正确。

3. 磁化规范的制定

（1）轴向通电法磁化规范的制定　查表 3-8，交流连续法轴向通电法磁化规范为 $I=(8\sim15)D$，因为本工件截面尺寸不等，所以磁化时应先用小规范 I_1 磁化小直径，后用大规范 I_2 磁化大直径。

$$I_1=(8\sim15)D_1=(8\sim15)\times50=400\sim750\text{A}$$
$$I_2=(8\sim15)D_2=(8\sim15)\times100=800\sim1500\text{A}$$

（2）线圈法磁化规范的制定　根据线圈直径与工件的规格确定线圈法磁化规范。工件为不等径轴，则线圈法磁化规范根据轴的直径不同，分别进行设定。

① 细轴部分的磁化规范　由传动轴的尺寸可知，$L=1500\text{mm}$，$D=50\text{mm}$，则 $L/D=30>15$，按 $L/D=15$。

$$Y=\frac{S}{S_1}=\frac{300^2}{50^2}=36>10，为低充填因数。选用偏心放置法进行磁化，则其磁化规范为$$

$$IN=\frac{45000}{L/D}=\frac{45000}{15}=3000$$

因为 $N=5$，所以 $I=\frac{3000}{5}=600\text{A}$

② 粗轴部分的磁化规范　粗轴部分的尺寸为 $L=1500\text{mm}$，$D=100\text{mm}$，则 $L/D=15$。

$Y=\frac{S}{S_1}=\frac{300^2}{100^2}=9$，代入中充填因数线圈公式中：

$$IN=(IN)_h\frac{10-Y}{8}+(IN)_1\frac{Y-2}{8}=0.125(IN)_h+0.875(IN)_1$$

$$(IN)_1=\frac{45000}{L/D}=\frac{45000}{15}=3000$$

$$(IN)_h = \frac{35000}{(L/D)+2} = \frac{35000}{17} = 2058.82$$

则 $\qquad IN = 0.125 \times 2058.82 + 0.875 \times 3000 = 2882.35$

因 $N=5$，故 $I = 2882.35/5 = 576.47A$。

二、操作步骤

1. 工件表面预处理

① 清除工件表面油脂、铁锈、氧化皮或其他黏附磁粉的物质。

② 磁粉检测前先将表面润湿，如果出现"水断"现象，说明表面处理不合格，应重新处理。

2. 工件表面光照度测量

该工件检测现场表面光照度为400lx，需要照明使工件表面光照度大于或等于1000lx。

3. 综合灵敏度测试

本工件检测时选用 A_1 型标准试片且表面无锈蚀、皱折及磁特性发生改变，标准试片使用时，首先将标准试片无人工缺陷的面朝外，为使试片与被检面接触良好，可用透明胶带将其平整地粘贴在被检面上，并注意胶带不能覆盖试片上的人工缺陷，然后施加磁悬液并磁化，当试片显示清晰磁痕时，证明综合灵敏度满足本工件检测要求。

4. 工件磁化

（1）轴向通电法磁化　先用磁化夹头夹紧工件后自锁，选择磁化开关为"周向"。使电压至一定值时，踩动脚踏开关，检查纵向电流表是否达到规定指示值。未达到或超过时，应重新调节电压后再进行检查，使磁化电流达到规定值。先用磁悬液润湿工件表面，在通电磁化的同时浇磁悬液，停止浇磁悬液后再通电数次，通电时间为1～3s，停止施加磁悬液至少1s后，待磁痕形成并滞留下来时方可停止通电，再进行磁痕观察和记录。操作要点：湿连续法宜用浇法和喷法，液流要微弱，以免冲刷掉缺陷上已形成的磁痕显示，但不能采用刷涂法。

（2）线圈法磁化　与通电磁化的方法相同，选择磁化开关为"纵向"，所观察电流表为指示面板下部中间的纵向电流表。

5. 磁痕观察与记录

磁痕的观察和评定一般应在磁痕形成后立即进行。使用非荧光磁粉检侧时，被检工件表面应有充足的自然光或日光灯照明，可见光照度应不小于1000lx，并应避免强光和阴影。用表格。记录下磁痕的位置、长度及数量。

6. 缺陷磁痕的评定与工件验收

按工件检测的技术要求JB/T 4730.4—2005标准Ⅰ级合格。JB/T 4730.4—2005标准磁粉检测质量分级规定如下。

（1）不允许存在的缺陷

① 不允许存在任何裂纹和白点。

② 紧固件和轴类零件不允许任何横向缺陷显示。

（2）受压加工部件和材料磁粉检测质量分级　见表3-9。

在圆形缺陷评定区内同时存在多种缺陷时，应进行综合评级。对各类缺陷分别评定级别，取质量级别最低的级别作为综合评级的级别。当各类缺陷的级别相同时，则降低一级作为综合评级的级别。

表 3-9　受压加工部件和材料磁粉检测质量分级

等级	线性缺陷磁痕	圆形缺陷磁痕（评定框尺寸为 2500mm²，其中一条矩形边长最大为 150mm）
Ⅰ	不允许	$d \leqslant 2.0$mm，且在评定框内不大于 1 个
Ⅱ	$l \leqslant 4.0$mm	$d \leqslant 4.0$mm，且在评定框内不大于 2 个
Ⅲ	$l \leqslant 6.0$mm	$d \leqslant 6.0$mm，且在评定框内不大于 4 个
Ⅳ	大于Ⅲ级	

注：l—线性缺陷磁痕长度；d—圆形缺陷磁痕直径。

7. 退磁及后处理

（1）交流电退磁　采用两磁化夹头夹持工件，交流电（50Hz）电流逐渐衰减到零的衰减法退磁。

（2）剩磁测量　即使使用同样的退磁设备，不同材料、形状和尺寸的工件，其退磁效果仍不相同。因此，应对工件退磁后的剩磁进行测量（尤其对剩磁有严格要求和外形复杂的工件）。剩磁测量采用袖珍式磁强计。剩磁应不大于 0.3mT（相当于 240A/m）。

任务评价

评分标准见表 3-10。

表 3-10　评分标准

序号	考核内容	评分要素	配分	评分标准	扣分	得分
1	准备工作	1. 检查材料、设备及工具 2. 预清理：对灵敏度试片进行清理擦拭，对试件或零件表面进行清理	10	1. 设备、器材选用错扣 5 分 2. 未进行擦拭扣 5 分		
2	确定检测工艺	1. 结合被检工件的检测要求，确定磁化方法 2. 选择标准试片 3. 确定轴向通电法的磁化规范 4. 确定线圈法的磁化规范	20	1. 磁化方法选择错扣 5 分 2. 标准试片选择错扣 5 分 3. 轴向通电法磁化规范选择错扣 5 分 4. 线圈法磁化规范选择错扣 5 分		
3	磁粉检测操作	磁化操作： 1. 利用灵敏度试片进行灵敏度测试 2. 采用线圈法纵向磁化零件时，零件的轴线应尽量与线圈轴线平行 3. 采用通电法磁化时，应注意防止打火烧伤	20	1. 未利用试片进行灵敏度测试扣 5 分 2. 线圈与工件不平行扣 5 分 3. 磁化规范设置不正确扣 5 分 4. 通电法时形成打火烧伤扣 5 分		
		施加磁悬液： 1. 施加磁悬液必需润湿试件表面 2. 施加磁悬液时要使其能够流动，不得影响已形成的磁痕 3. 停止施加磁悬液后方可断电，然后再通电两次	10	1. 未润湿表面扣 2 分 2. 未能够流动扣 2 分 3. 影响已形成的磁痕扣 2 分 4. 未在通电或通磁条件下施加扣 2 分 5. 未按要求操作扣 2 分		
		磁痕的观察与记录： 1. 磁痕的观察应在试件或零件表面上的光照度不小于 1000lx 的条件下进行 2. 能正确地测量磁痕的尺寸 3. 采用适当的方法做好原始记录	15	1. 未测定光照度，或光照度达不到要求扣 5 分 2. 磁痕尺寸测量每错 1 处扣 2 分，扣完为止 3. 缺陷磁痕记录每错 1 处扣 2 分，扣完为止		

续表

序号	考核内容	评分要素	配分	评分标准	扣分	得分
3	磁粉检测操作	缺陷评定与结论： 根据记录的缺陷性质、尺寸大小，对照执行标准的规定进行正确评定	10	质量等级评定错扣10分		
		后处理工序： 测试完毕后应将试件或零件表面清理干净	5	未清洗扣5分		
4	团队合作能力	能与同学进行合作交流，并解决操作时遇到的问题	10	不能与同学进行合作交流解决操作时遇到的问题扣10分		
		合计	100			

综合训练

一、是非题（在题后括号内，正确的画○，错误的画×）

1. 磁力线是在磁体外由 S 极到 N 极，在磁体内由 N 极到 S 极的闭合曲线。 （ ）

2. 可以用磁力线的疏密程度反映磁场的大小。 （ ）

3. 磁感应强度与磁场强度的比值称为相对磁导率。 （ ）

4. 铁磁性材料在外加磁场中，磁畴的磁矩方向与外加磁场方向一致。 （ ）

5. 磁化电流去掉后，工件上保留的磁感应强度称为矫顽力。 （ ）

6. 磁场强度的变化落后于磁感应强度的变化的现象，称为磁滞现象。 （ ）

7. 交叉磁轭旋转磁场不适用于剩磁法检测。 （ ）

8. 交叉磁轭磁场在四个磁极内侧分布是均匀的，在外侧分布是不均匀的。 （ ）

9. 工件磁化时，如果不产生磁极就不会产生退磁场。 （ ）

10. 用相同的磁场强度磁化工件时，L/D 值大的工件产生的退磁场大。 （ ）

11. 缺陷的深宽比越大，漏磁场强度越大，缺陷越容易检出。 （ ）

12. 退磁场仅与工件的形状尺寸有关，与磁化强度大小无关。 （ ）

13. 顺磁性材料的磁感应强度远大于磁场强度。 （ ）

14. 因为漏磁场的宽度比缺陷的实际宽度大数倍至数十倍，所以磁痕对缺陷宽度有放大作用。 （ ）

15. 采用线圈法磁化，当被检工件太长，应进行分段磁化，也可用加长磁化时间、移动线圈来实现。 （ ）

16. 采用剩磁法检测时，交流检测机应配备断电相位控制器。 （ ）

17. 周向磁化是指在工件中建立一个环绕工件的并与工件轴垂直的周向闭合磁场，用于发现与工件轴平行的纵向缺陷。 （ ）

18. 采用中心导体法磁粉检测时，最大磁场强度产生在被检工件的内表面。 （ ）

19. 中心导体法可用于检测工件内、外表面与电流平行的横向缺陷和端面的径向缺陷。 （ ）

20. 交叉磁轭一次磁化可检测出工件表面任何方向的缺陷，检测效率高。 （ ）

21. 最好采用步进式的方法移动交叉磁轭。 （ ）

22. 触头法中两触头连线上任意一点的磁场强度方向与连线垂直。 （ ）

23. 采用交流电磁化工件时，确定最大磁化强度的是峰值电流。 （ ）

24. 毫特斯拉计是测量磁场方向的一种测量仪器。 （ ）

25. 磁粉应具有高磁导率、低矫顽力和低剩磁性，磁粉之间应相互吸引。　　（　　）

26. 磁粉检测用的磁粉粒度越小越好，磁粉的沉降速度越快越好。　　（　　）

27. 标准试片只适用于连续法检测，不适用于剩磁法检测。　　（　　）

28. 标准试片主要用于检验磁粉检测设备、磁粉和磁悬液的综合性能。　　（　　）

29. 采用干法时，应确认检测面和磁粉已完全干燥，然后再施加磁粉。　　（　　）

30. 退磁就是消除材料磁化后的剩余磁场使其达到无磁状态的过程。　　（　　）

31. 相关显示是由漏磁场吸附磁粉形成的磁痕显示。　　（　　）

32. 非相关显示不是来源于缺陷，但却是由漏磁场产生的。　　（　　）

二、问答题

1. 简述磁粉检测原理。

2. 磁力线有哪些特性？

3. 常用的磁导率有几种？其定义是什么？

4. 什么是铁磁性材料？

5. 简述影响退磁场的因素。

6. 什么是周向磁化法？主要包括哪几种磁化方法？

7. 什么是纵向磁化法？主要包括哪几种磁化方法？

8. 固定式磁粉检测机由哪几部分组成？

9. 磁粉检测所用磁粉有何性能要求？

10. 标准试片主要用途有哪些？

11. 磁悬液的浓度对缺陷的检出能力有何影响？

12. 简述连续法检测的优缺点。

13. 引起非相关显示的因素有哪些？

14. 用交叉磁轭磁化球罐焊接接头时，喷洒磁悬液有哪些要求？

15. 影响磁粉检测灵敏度的主要因素有哪些？

模块四　渗　透　检　测

渗透检测是一种以毛细作用原理为基础的检查非多孔性材料表面开口缺陷的无损检测方法。在 20 世纪初期，美国工程技术人员对渗透剂进行了大量的试验研究，他们把着色染料加到渗透剂中，增加了缺陷显示的颜色对比度，使显示更加清晰；然后荧光染料也被加入到渗透剂中，并用显像粉显像，在暗室里紫外光照射下观察缺陷显示，显著提高了渗透检测灵敏度，使渗透检测进入崭新的阶段，从此渗透检测与其他无损检测方法一起成为广泛使用的检测手段。

项目一　渗透检测基础知识

学习目标
- 熟悉渗透检测的表面化学基础知识。
- 熟悉渗透检测的光学基础知识。
- 掌握渗透检测的基本原理。

一、渗透检测表面化学基础

1. 表面张力

日常生活中，我们常见到荷叶上的水珠，玻璃板上的水银珠等，如果没有外力的作用或作用力不大时，总是趋向于自由收缩成球状。如果把玻璃板上的水银压扁后再去除外力，水银又会很快恢复成球状。这种现象说明，在液体表面存在一种力，它作用于液体表面使液体表面收缩，并趋于使表面积达到最小，把这种存在于液体表面，使液体表面收缩的力称为液体的表面张力。

2. 润湿现象

如果把水滴滴在光洁的玻璃板上，水滴会沿着玻璃板慢慢散开，即液体在与固体接触时表面有扩散的趋势，且能相互附着，形成玻璃表面的气体（空气）被液体（水）所取代的现象，这种现象称为水润湿了玻璃，如图 4-1 所示。相反，如果液体在固体表面不能扩散，而是收缩成球形，且相互不能附着，称为不润湿现象。所以，润湿现象是固体表面上的气体被液体取代的表面及界面现象，有时也是一种液体被另一液体所取代的表面及界面过程。

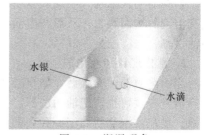

图 4-1　润湿现象

3. 毛细现象

取一根很细的玻璃管，把它插在装有水的容器中，由于水能润湿管壁，管内的水面与管外的水面便显示出不同的高度，管内的水面呈凹形并高出容器的水面。若把玻璃管插在装有水银的容器中，由于水银不能润湿玻璃管壁，管内的水银面呈凸形并低于容器的水银面。如图 4-2 所示。

这种润湿液体在毛细管中呈凹面并上升，不润湿液体在毛细管中呈凸面并下降的现象，

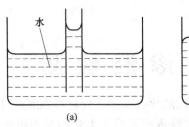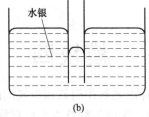

图 4-2　毛细现象

称为毛细现象。能够发生毛细现象的管子称为毛细管。毛细现象也能发生在如两平板夹缝、棒状空隙和各种形状的开口缺陷处。

4. 表面活性和表面活性剂

把不同的物质溶于水中，会使表面张力发生变化，各种物质水溶液的浓度与表面张力的关系可归纳为三种类型，如图 4-3 所示。

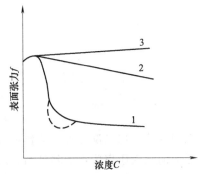

图 4-3　表面张力-浓度关系曲线

曲线 1 表示：在浓度很低时，表面张力随溶液浓度的增加而急剧下降，但降至一定程度后（此时溶液的浓度仍然很低），下降减慢或不再下降，有的溶液还会出现表面张力最低值的情况（如图中虚线所示）。肥皂、洗涤剂等物质的水溶液就具有这样的特性。

曲线 2 表示：表面张力随溶液浓度的增加而下降，如乙醇、醋酸等物质的水溶液。

曲线 3 表示：表面张力随溶液浓度的增加而上升，如氯化钠、硝酸等物质的水溶液。

仅从降低表面张力这一特性而言，将能使溶液的表面张力降低的性质称为表面活性。对水溶液而言，凡是具有曲线 1 和曲线 2 的特性的物质都具有表面活性，把这种物质称为表面活性物质。而具有曲线 3 的特性的物质则无表面活性，称之为非表面活性物质。

当在溶剂（如水）中加入少量的某种溶质时，就能明显降低溶剂（如水）的表面张力，改变溶剂的表面状态，从而产生润湿、乳化、起泡及增溶等一系列的作用，这种溶质称为表面活性剂。

5. 乳化现象和乳化剂

当衣服被油污弄脏后，如直接用水清洗很难洗净，但如用肥皂或洗衣粉对衣服浸泡后再进行清洗，就可很快把油污洗掉。这是由于肥皂或洗衣粉溶液与衣服上的油污产生乳化作用所致。肥皂或洗衣粉属于一种表面活性剂。

在油水溶液中注入一些表面活性剂并加以搅拌，油就会分成无数微小的液珠球，稳定地分散在水中形成乳白色的液体，即使静置以后也很难分层，这种液体称为乳化液。这种由于表面活性剂作用，使本来不能混合到一起的两种液体能够混合在一起的现象称为乳化现象，具有乳化作用的表面活性剂称为乳化剂。

二、渗透检测的光学基础知识

1. 紫外光

渗透检测时，缺陷的显示痕迹是利用眼睛进行观察的，观察的方式有两种，一种是在白光下观察，另一种是在紫外光的照射下，缺陷显示的痕迹发出明亮的荧光，才可以被人眼观察到。紫外光是一种波长比可见光更短的不可见光，荧光渗透检测时所用的紫外光的波长在 320～400nm 范围内，其中心波长约为 365nm。紫外光也称黑光。

2. 光致发光

许多原来在白光下不发光的物质，在紫外线等外辐射源的作用下，能够发光，这种现象称为光致发光。不同的物质受辐射后发光的时间有长有短，有些物质，当辐射源停止作用后，经过极短的时间就消失了，这种发光称为荧光；有些物质当辐射源停止作用后，经过很长时间（至许多小时）才停止发光，这种发光称磷光。外辐射源停止作用后，立即停止发光的物质称为荧光物质，荧光法渗透检测时所用的发光物质就为荧光物质。外辐射源停止作用后，仍能继续发光的物质称为磷光物质。

3. 可见度与对比度

（1）可见度　渗透检测缺陷的显示痕迹能否被清楚地观察到，用可见度来衡量，可见度是观察者相对于背景、外部光等条件下能看到显示的一种特征。人的眼睛在强白光下对光强度的微小差别不敏感，对颜色的对比度差别判别能力很强；在光线较暗的环境中，辨别颜色和颜色对比度的本领很差，但能看见微弱的光源，对黄绿色光具有最好的可见度。渗透检测采用荧光渗透液时，在紫外线照射下发黄绿色荧光，因而缺陷显示在暗室里具有最好的可见度。

（2）对比度　某个显示与围绕这个显示的背景之间的亮度和颜色之差，称为对比度。对比度可用这个显示和围绕这个显示的表面背景之间反射或发射光的相对量来表示，这个相对量称为对比率。在采用着色检测时，红色染料显示与白色染料显像剂背景之间的最高对比率约为 6∶1。在采用荧光检测时，荧光显示与不发荧光的背景之间的对比率，即使周围环境不可避免有些微弱的白光存在，这个对比率数值仍然可达 300∶1，甚至达 1000∶1，在完全暗的情况下，可达无穷大。

三、渗透检测原理

渗透检测是一种以毛细作用原理为基础的检查非多孔性材料表面开口缺陷的无损检测方法。将溶有着色染料或荧光染料的渗透剂施加于工件表面，由于毛细现象的作用，渗透剂渗入到各类开口至表面的微小缺陷中，清除附着于工件表面上多余的渗透剂，干燥后再施加显像剂，缺陷中的渗透剂重新回渗到工件表面上，形成放大了的缺陷显示，在白光下或在黑光灯下观察，缺陷处可呈红色显示或发出黄绿色荧光。目视即可检测出缺陷的形状和分布。

渗透检测是不破坏工件，运用物理、化学、材料科学和工程学理论，评价工程材料、零部件和产品的完整性、连续性及安全可靠性的检测方法，也是实现质量管理、节约原材料、改进工艺、提高劳动生产率的重要手段，是产品制造和维修中不可缺少的组成部分。

四、渗透检测的优点和局限性

1. 渗透检测的优点

渗透检测可检查非多孔性材料的表面开口缺陷，如裂纹、折叠、气孔、冷隔和疏松等。它不受材料组织结构和化学成分的限制，不仅可以检查有色金属，还可以检查塑料、陶瓷及玻璃等非多孔性材料，检测灵敏度较高。超高灵敏度的渗透检测剂可清晰显示小于微米级的缺陷显示。使用着色法时，可在没有电源的场合工作，特别使用喷罐设备，操作简单。采用水洗法时，检查速度快，可检查表面较粗糙的工件，成本较低。显示直观，容易判断，一次操作可检查出任何方向的表面开口缺陷。

2. 渗透检测的局限性

渗透检测也存在一定的局限性，它只能检测工件表面开口缺陷，对被污染物堵塞或经机械处理（如喷丸和研磨等）后开口被封闭的缺陷不能有效地检出。它也不适用于检查多孔性或疏松材料制成的工件和表面过于粗糙的工件。因为检查多孔性材料时，会使整个表面呈现较强的红色（或荧光）背景，以致掩盖缺陷显示；而工件表面过于粗糙时，易造成假显示，影响检测效果。渗透检测只能检出缺陷的表面分布，不能确定缺陷的深度，检测结果受操作者的影响也较大。不同的检测方法有不同的局限性，检测中应根据不同的检测对象选择具体的检测方法。

项目二 渗透检测的材料与设备

学习目标

- 熟悉渗透检测材料的组成、作用和性能。
- 了解渗透检测设备的类型和使用方法。
- 熟悉试块的作用及使用要求。

一、渗透检测材料

渗透检测材料主要包括渗透剂、去除剂、显像剂三大类。

1. 渗透剂

渗透剂是一种含有着色染料或荧光染料且具有很强的渗透能力的溶剂。它渗入表面开口的缺陷并被显像剂吸附出来，从而显示缺陷的痕迹。

（1）渗透剂的分类

① 按染料成分分类　按渗透剂所含染料成分分类，可分为荧光渗透剂、着色渗透剂与荧光着色渗透剂三大类。

荧光渗透剂中含有荧光染料，只有在黑光照射下，缺陷图像才能被激发出黄绿色荧光观察。缺陷图像显示在暗室内黑光下进行。

着色渗透剂中含有红色染科，缺陷显示红色，在白光或日光照射下观察缺陷图像。

荧光着色渗透剂中含有特殊染料，缺陷图像在白光或日光照射下显示红色，在黑光照射下显示黄绿色（或其他颜色）荧光。

② 按溶解染料的基本溶剂分类　可将渗透剂分为水基渗透剂与油基渗透剂两类。

水基渗透剂以水作溶剂。水的渗透能力很差，但是加入特殊的表面活性剂后，水的表面张力降低，润湿能力提高，渗透能力大大提高。

油基渗透剂中基本溶剂是油类物质，如航空煤油、灯用煤油、5 号机械油、200 号溶剂汽油等。

油基渗透剂渗透能力很强，检测灵敏度较高。水基渗透剂与油基渗透剂相比，润湿能力较差，渗透能力较低，检测灵敏度较低。

③ 按多余渗透剂的去除方法分类　可将渗透剂分为水洗型渗透剂（自乳化型）、后乳化型渗透剂与溶剂去除型渗透剂三大类。

自乳化型渗透剂中含有一定量的乳化剂，多余的渗透剂可直接用水去除掉。

后乳化型渗透剂中不含乳化剂，多余的渗透剂需要用乳化剂乳化后，才能用水去除掉。

溶剂去除型渗透剂是用有机溶剂去除多余的渗透剂。

（2）渗透剂的组成　渗透剂一般由染料、溶剂、乳化剂和多种改善渗透剂性能的附加成分所组成。在实际的渗透剂配方中，一种化学试剂往往同时起几种作用。

① 染料　在渗透剂中，常用的染料有着色染料和荧光染料两类。着色渗透剂所用的染料多为暗红色的染料，因为暗红色与显像剂的白色背景能形成较高的对比度。常用的着色染料有苏丹红Ⅳ、刚果红、烛红、油溶红、丙基红等。其中以苏丹红Ⅳ使用最广。荧光渗透剂中所用的染料多为荧光染料，荧光染料的种类很多，在黑光的照射下从发蓝到发红色荧光的染料均有，荧光渗透剂选择在黑光下发黄绿光的染料。

② 溶剂　在渗透剂中的主要作用是溶解染料和起渗透作用，因此要求渗透剂中的溶剂具有对染料溶解度大、渗透力强的性能，并且对工件无腐蚀、毒性小。根据化学结构"相似相溶"原理，应尽量选择分子结构与染料相似的溶剂。但这不是绝对的，有一些物质，结构虽相似但不溶，在实际应用中，以试验加以验证。

③ 乳化剂　在水洗型着色渗透剂与水洗型荧光渗透剂中，表面活性剂作为乳化剂加入到渗透剂中，使渗透剂容易被水清洗。乳化剂应具有与溶剂互溶、不影响红色染料的红色色泽、不影响荧光染料的荧光光亮、不腐蚀工件的特性。在渗透检测中，在渗透剂中加入一种表面活性剂往往达不到良好的乳化效果，常常需选择两种以上的表面活性剂组合使用。表4-1 为典型渗透剂配方。

表 4-1　典型渗透剂配方

渗透剂类型	成分	比例	作用
水基着色渗透剂	水	100%	溶剂、渗透剂
	表面活性剂	24g	
	氢氧化钾	4～8g	中和剂
	刚果红	24g	染料
油基自乳化型着色渗透剂	油基红	12g	染料
	二甲基萘	15%	溶剂
	α-甲基萘	20%	溶剂
	200 号溶剂汽油	52%	渗透剂
	萘	1.0g	助溶剂
	吐温-60	5%	乳化剂
	三乙醇胺油酸皂	8%	乳化剂
后乳化型着色渗透剂	苏丹红Ⅳ	8g	染料
	乙酸乙酯	5%	渗透剂
	航空煤油	60%	溶剂、渗透剂
	松节油	5%	溶剂、渗透剂
	变压器油	20%	增光剂
	丁酸丁酯	10%	助溶剂
溶剂去除型着色渗透剂	苏丹红Ⅳ	1.0g	染料
	萘	20%	溶剂
	煤油	80%	渗透剂
水洗型荧光渗透剂	灯用煤油或 5 号机械油	31%	渗透剂
	邻苯二甲酸二丁酯	19%	互溶剂
	乙二醇单丁醚	12.5%	稳定剂
	MOA-3	12.5%	乳化剂
	TX-10	25%	乳化剂
	YJP15	4g/L	荧光染料
	PEB	11g/L	荧光增白剂
后乳化型荧光渗透剂	灯用煤油或 5 号机械油	25%	渗透剂
	邻苯二甲酸二丁酯	65%	互溶剂
	LPE305	10%	润湿剂

续表

渗透剂类型	成分	比例	作用
后乳化型荧光渗透剂	PEB	20g/L	增白剂
	YJP15	4.5g/L	荧光染料
溶剂去除型荧光渗透剂	YJP-1	2.5g	荧光染料
	煤油	85%	溶剂、渗透剂
	航空煤油	15%	增光剂

（3）渗透剂的性能要求

① 渗透能力强，容易渗入工件的表面细微缺陷中。

② 荧光渗透剂应具有鲜明的荧光，着色渗透剂应具有鲜艳的色泽。

③ 清洗性好，容易从被覆盖过的工件表面清除掉。

④ 有良好的润湿显像剂的能力，容易从缺陷中吸附到显像剂而显示出来。

⑤ 稳定性能好，在热和光等作用下，材料成分和荧光亮度或色泽能维持较长时间。

⑥ 对工件和设备无腐蚀性，毒性小，尽可能不污染环境。

2. 去除剂与乳化剂

（1）去除剂　渗透检测中，用来去除工件表面多余渗透剂的溶剂称为去除剂。

水洗型渗透剂，直接用水去除，水就是一种去除剂。

后乳化型渗透剂是在乳化后再用水去除，它的去除剂就是乳化剂和水。

溶剂去除型渗透剂采用有机溶剂去除，这些有机溶剂就是去除剂，常采用的去除剂有煤油、乙醇、丙酮、三氯乙烯等。

所选择的去除剂应对渗透剂中的染料（红色染料、荧光染料）有较大的溶解度，对渗透剂中溶解染料的溶剂有良好的互溶性，并有一定的挥发性，应不与荧光渗透剂起化学反应，应不猝灭荧光。

（2）乳化剂　是后乳化型渗透剂的去除剂，主要作用是乳化不溶于水的渗透剂，使其便于用水清洗。它的组成以表面活性剂为主体。

① 乳化剂的种类　乳化剂分为亲水型乳化剂和亲油型乳化剂两大类，亲水型乳化剂的乳化形式是水包油型，它能将油分散在水中；亲油型乳化剂的乳化形式是油包水型，它能将水分散在油中。

亲水型乳化剂一般黏度比较高，需用水稀释后才能使用，稀释后的乳化剂含量越高，乳化能力越强。亲水型乳化剂的作用过程如图 4-4 所示。

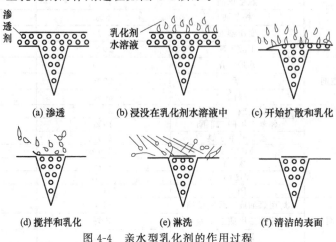

图 4-4　亲水型乳化剂的作用过程

亲油型乳化剂不需加水稀释就能使用，亲油型乳化剂应能与后乳化型渗透剂产生足够的相互作用，而起一种溶剂的作用，使工件表面多余渗透剂能被去除。亲油型乳化剂的作用过程如图 4-5 所示。

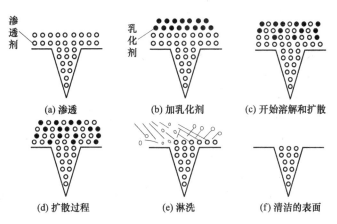

图 4-5 亲油型乳化剂作用过程示意图

② 乳化剂的选择　由于乳化剂的主要作用是将渗透剂清洗掉，故所选择的乳化剂应具有良好的洗涤作用，进行选择时可根据"相似相溶"原理，选择和被乳化物有相近 H.L.B 值的乳化剂。在实际应用中，因乳化剂和被乳化物的化学结构及两者之间关系等诸多因素的影响，选择乳化剂时除考虑 H.L.B 值外，还应和其他因素结合起来考虑。如乳化剂是离子型，要考虑乳化粒子和乳化剂所带电荷的性质，如果带有相同的电荷时，相互排斥，会使乳化液稳定。

③ 乳化剂的性能要求

a. 外观（色泽、荧光颜色）上能与渗透剂明显地区别开。

b. 受少量水或渗透剂的污染时，不降低乳化去除性能。表面活性与黏度或浓度适中，使乳化时间合理，乳化操作不困难。

c. 储存保管过程中，温度稳定性好，性能不变。

d. 对金属及盛装容器不腐蚀。

e. 对操作者的健康无害，无毒及无不良气味。

f. 闪点高，挥发性低，废液及去除污水的处理简便等。

3. 显像剂

显像剂的作用是将缺陷中的渗透剂吸到工件表面上，形成缺陷显示并加以放大，同时又提供与缺陷显示有较大反差的背景，从而可以提高检测的灵敏度。

（1）显像剂的种类

① 干式显像剂　主要指干粉显像剂，是一种白色粉末，如氧化镁、碳酸镁、氧化钛等。干粉显像剂一般与荧光渗透剂配合使用，适用于螺纹及粗糙表面工件的荧光检测。

为了使显像剂能容易被缺陷处微量渗透剂所润湿，使渗透剂容易地渗出，显像剂应具有较好的吸水、吸油性。同时能容易地吸附在干燥的工件表面上，并形成一层显像粉薄膜。

② 湿式显像剂　根据配制的方法不同，湿式显像剂可分为水悬浮湿式显像剂、水溶性湿式显像剂和溶剂悬浮湿式显像剂三种。

a. 水悬浮湿式显像剂是干粉显像剂按一定比例加入水中配制而成的。为了改善显像剂的各种性能，在显像剂中加入了润湿剂、分散剂、限制剂、防锈剂等。这类显像剂一般呈弱碱性，对钢制零件不会产生腐蚀。但长时间残留在镁零件上，会对其产生腐蚀。

b. 水溶性湿式显像剂是将显像剂结晶粉末溶解在水中而制成的。水溶式湿式显像剂的结晶粉末与水溶解形成溶液，所以克服了水悬浮湿式显像剂易沉淀、不均匀和可能结块的缺点，并具有清洗方便、不可燃、使用安全等优点，但白色背景不如水悬浮式显像剂。

c. 溶剂悬浮湿式显像剂是将显像剂粉末加在挥发性的有机溶剂中配制而成的。常用的有机溶剂有丙酮、苯及二甲苯等，在显像剂中加有限制剂及稀释剂等。这类显像剂一般装在喷罐中与着色渗透剂配合使用。

（2）显像剂的性能要求

① 吸湿能力要强，吸湿速度要快，能容易被缺陷处的渗透剂所润湿并吸出足量渗透剂。

② 显像剂粉末颗粒细微，一般显像剂的粒度不应大于 $3\mu m$，对工件表面有较强的吸附力，能均匀地附着在工件表面形成较薄的覆盖层，有效地盖住被检工件表面的金属本色。能使缺陷显示的宽度扩展到足以用眼看到。

③ 用于荧光法的显像剂应不发荧光，也不应有任何减弱荧光的成分，而且不应吸收黑光。

④ 用于着色法的显像剂应与缺陷显示形成较大的色差，以保证最佳对比度。对着色染料无消色作用。

⑤ 对被检工件和存放容器不应产生腐蚀，对人体无害，无毒、无异味。

⑥ 使用方便，易于清除，价格便宜。

4. 渗透检测材料系统

（1）渗透检测材料的同族组　是指完成一个特定的渗透检测过程所必需的完整的一系列材料，包含渗透剂、乳化剂、去除剂和显像剂等。作为一个整体，它们必须相互兼容，才能满足检测的要求，否则，可能出现渗透剂、去除剂和显像剂等材料各自都符合规定要求，但它们之间不兼容，最终使渗透检测无法进行。因此，检测中的渗透检测材料应是同一族组，推荐采用同一厂家提供同一型号的产品，原则上，不同厂家的产品不能混用。如确需混用，则必须通过验证，确保它们能相互兼容，其检测灵敏度应满足检测的要求。

（2）渗透检测材料系统的选择原则

① 同族组要求，即渗透检测剂系统应同族组。

② 灵敏度应满足检测要求。不同的渗透检测材料组合系统，其灵敏度不同，一般后乳化型灵敏度比水洗型高，荧光渗透剂灵敏度比着色渗透剂高。在检测中，应按被检工件灵敏度要求来选择渗透检测材料组合系统。当灵敏度要求高时，如疲劳裂纹、磨削裂纹或其他细微裂纹的检测，可选用后乳化型荧光渗透检测系统。当灵敏度要求不高时，如铸件，可选用水洗型着色渗透检测系统。应当注意，检测灵敏度越高，其检测费用也越高。因此，从经济上考虑，不能片面追求高灵敏度检测，只要灵敏度能满足检测要求即可。

③ 根据被检工件状态进行选择。对表面光洁的工件，可选用后乳化型渗透检测系统。对表面粗糙的工件，可选用水洗型渗透检测系统。对大工件的局部检测，可选用溶剂去除型着色渗透检测系统。

④ 在灵敏度满足检测要求的条件下，应尽量选用价格低、毒性小、易清洗的渗透检测材料组合系统。

⑤ 渗透检测材料组合系统对被检工件应无腐蚀。例如，铝、镁合金不宜选用碱性渗透检测材料，奥氏体不锈钢、钛合金等不宜选用含氟、氯等卤族元素的渗透检测材料。

⑥ 化学稳定性好，能长期使用，受到阳光或遇高温时不易分解和变质。

⑦ 使用安全，不易着火。例如，盛装液氧的容器不能选用油基渗透剂，而只能选用水基渗透剂，因为液氧遇油容易引起爆炸。

二、渗透检测设备

1. 便携式渗透检测设备

便携式设备也称便携式压力喷罐装置，它由渗透剂喷罐、去除剂喷罐、显像剂喷罐、擦布（纸巾）、灯、毛刷等所组成。如果采用荧光法还装有紫外线灯。

渗透检测剂（渗透剂、去除剂、显像剂）一般装在密闭的喷罐内使用，喷罐一般由盛装容器和喷射机构两部分组成，其结构如图4-6所示。

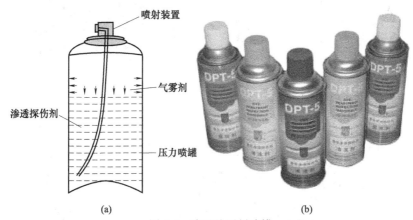

图 4-6　渗透检测剂喷罐

喷罐内装有液化的气雾剂，在罐内形成高压，喷罐内部压力随渗透检测剂种类和温度的不同而不同，温度越高，压力越大。使用时为了保证检测质量和安全，要注意以下事项。

① 喷嘴应与工件表面保持一定的距离，保证检测剂雾化，施加均匀。

② 喷罐要远离火源，以免引起火灾。

③ 空罐只有破坏密封后，才可报废。

2. 固定式渗透检测装置

工作场所的流动性不大，工件数量较多，要求布置流水线作业时，一般采用固定式检测装置，多采用水洗型或后乳化型渗透检测方法。固定式渗透检测装置包括渗透槽、乳化槽、清洗槽、干燥箱、显像槽及检查台等。

固定式渗透检测装置可分为整体型和分离型两种，整体型检测装置适用于小型工件的检测，分离型检测装置适用于大型工件的检测，分别如图4-7和图4-8所示。

3. 渗透检测照明装置

进行渗透检测时，着色法检测要在白光灯下观察缺陷显示，荧光法检测要在黑光灯下观察缺陷显示。

（1）白光灯　着色法检测时所用的白光灯的光照度应不低于500lx。在没有照度计测量的情况下，可用80W日光灯在1m远处的照度为500lx作为参考。

（2）黑光灯　是荧光法检测时必备的照明装置，它由高压水银蒸气弧光灯、紫外线滤光片（或称黑光滤光片）和镇流器等所组成。高压水银蒸气弧光灯的结构如图4-9所示。

黑光灯外壳直接用深紫色玻璃制成，又称黑光屏蔽罩。这种玻璃设计制造成能阻挡可见光和短波黑光通过，而仅让波长为320~400nm的黑光通过。该波长范围的黑光对人眼几乎是无害的。自镇流紫外灯如图4-10所示。

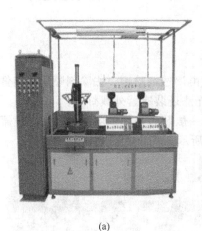

(a)   (b)

图 4-7　整体型渗透检测装置实例

图 4-8　分离型渗透检测装置实例

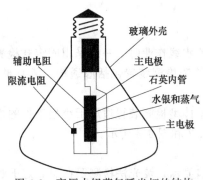

图 4-9　高压水银蒸气弧光灯的结构

图 4-10　自镇流紫外灯

黑光灯使用时的注意事项如下。

① 黑光灯刚点燃时，输出达不到最大值，所以检测工作应等待 3min 后再进行。

② 要尽量减少灯的开关次数，频繁启动会缩短灯的寿命。

③ 黑光灯使用后，辐射能量下降，所以应定期测量黑光灯的辐照度。

④ 电源电压波动对黑光灯影响很大，电压低，灯可能启动不了，或使点燃的灯熄灭；当使用的电压超过灯的额定电压时，对灯的使用寿命影响也很大，所以必要时应安装稳压器，以保持电源电压稳定。

⑤ 滤光片如有损坏，应立即调换；滤光片上有脏污应及时清除，因为它影响紫外线的发出。

⑥ 避免将渗透剂溅到黑光灯泡上，使灯泡炸裂。

⑦ 不要将灯直对着人眼睛直照。

4. 渗透检测中常用的试块

(1) 试块及其作用　试块是指带有人工缺陷或自然缺陷的试件，它是用于衡量渗透检测灵敏度的器材，也称灵敏度试块。渗透检测灵敏度是指在工件或试块表面上发现微细裂纹的能力。

在渗透检测中，试块的主要作用表现在下述三个方面。

① 灵敏度试验　用于评价所使用的渗透检测系统和工艺的灵敏度及其渗透剂的等级。

② 工艺性试验　用以确定渗透检测的工艺参数，如渗透时间与温度、乳化时间与温度、干燥时间与温度等。

③ 渗透检测系统的比较试验　在给定的检测条件下，通过使用不同类型的检测材料和工艺的比较，以确定不同渗透检测系统的相对优劣。

应当指出，并非所有的试块都具有上述的所有功能，试块不同，其作用也不同。

(2) 常用试块

① 铝合金试块　又称 A 型对比试块，如图 4-11 所示。试块由同一试块剖开后具有相同大小的两部分组成，并打上相同的序号，分别标以 A、B 记号，A、B 试块上均应具有细密相对称的裂纹图形。

铝合金试块适用于在正常使用情况下，检验渗透检测剂能否满足要求，以及比较两种渗透检测剂性能的优劣，也适用于对用于非标准温度下的渗透检测方法作出鉴定。

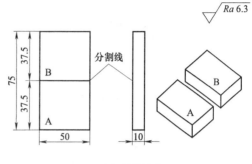

(a) 试块尺寸

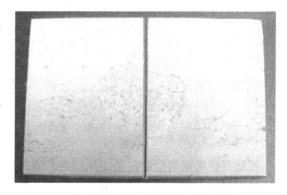

(b) 两种渗透检测剂在试块上的检测结果

图 4-11　铝合金试块

这种试块的优点是制作简单，在同一试块上可提供各种尺寸裂纹，且形状似自然裂纹，

这种试块的缺点是试块中所产生的裂纹尺寸不能控制，而且裂纹的尺寸较大，不适用于渗透检测剂灵敏度的鉴别，试块一经使用后，渗透检测剂会残留在裂纹内，清洗较困难。因为在大气中，铝合金会氧化，在一般情况下，使用次数不多于三次。

② 不锈钢镀铬裂纹试块　又称 B 型试块，如图 4-12 所示。该试块为单面镀硬铬的长方形不锈钢，推荐尺寸为 130mm×40mm×4mm。不锈钢材料可采用 1Cr18Ni9Ti。

这类试块主要用于校验操作方法与工艺系统的灵敏度。使用前，先按预先规定的工艺程序进行渗透检测，将其拍摄成照片或用塑料制成复制品，再把实际的显示图像与标准工艺图像的复制品或照片进行对比，从而评定操作方法正确与否和确定工艺系统的灵敏度。

③ 黄铜板镀镍铬层裂纹试块　又称 C 型试块，如图 4-13 所示。

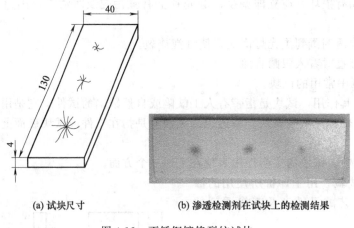

(a) 试块尺寸　　　　　　(b) 渗透检测剂在试块上的检测结果

图 4-12　不锈钢镀铬裂纹试块

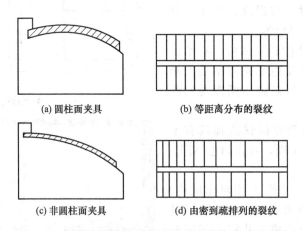

(a) 圆柱面夹具　　　　　　　(b) 等距离分布的裂纹

(c) 非圆柱面夹具　　　　　　　(d) 由密到疏排列的裂纹

图 4-13　黄铜板镀镍铬层裂纹试块及弯曲夹具示意图

黄铜板镀镍铬层裂纹试块的优点是，通过控制镀层厚度可以控制裂纹深度，改变弯曲的程度可以控制裂纹宽度，尽管事实上操作起来仍有难度；裂纹的尺寸很小，可作为高灵敏度渗透检测剂的性能测定，而且不易堵塞，可以多次重复使用。其缺点是镀层形成光滑镜面使渗透检测剂易于洗去，与实际工件表面状况差异较大，制作也比较困难。

黄铜板镀镍铬层裂纹试块主要用于鉴别各类渗透检测剂性能和确定灵敏度等级。

项目三　渗透检测工艺

学习目标
- 熟悉渗透检测方法的分类及选用。
- 熟悉渗透检测的基本步骤。
- 掌握渗透检测工艺参数的选择方法。

一、渗透检测方法的分类

渗透检测方法的分类较多，广泛使用的分类法是根据渗透剂的种类、多余渗透剂的去除方法和显像方法进行划分。常见的分类方法如下。

1. 根据渗透剂所含染料成分分类

根据渗透剂所含染料成分，渗透检测分为着色法、荧光法和荧光着色法三大类。渗透剂中含有红色染料，在白光或日光下观察缺陷的显示为着色法；渗透剂中含有荧光染料，在紫外线的照射下观察缺陷处黄绿色荧光显示为荧光法；荧光着色法兼备荧光和着色两种方法的特点，缺陷的显示图像在白光下或日光下能显示红色，在紫外线照射下能激发出荧光。

2. 根据渗透剂去除方法分类

根据渗透剂去除方法，渗透检测可分为水洗型、后乳化型和溶剂去除型三大类。渗透剂中含有一定量的乳化剂，工件表面多余的渗透剂可直接用水清洗，这种方法称为水洗型渗透检测法。有的渗透剂虽不含乳化剂，但溶剂是水，即水基渗透剂，工件表面多余渗透剂也可直接用水洗掉，也属于水洗型渗透检测法。后乳化型渗透检测法的渗透剂不能直接用水从工件表面洗掉，必须增加一道乳化工序，即工件表面上多余的渗透剂要用乳化剂"乳化"后方能用水洗掉。溶剂去除型渗透检测法中的渗透剂也不含乳化剂，工件表面多余渗透剂用有机溶剂擦掉。

渗透检测方法分类见表 4-2。

表 4-2　渗透检测方法分类

渗透剂		渗透剂的去除		显像剂	
分类	名称	分类	名称	分类	名称
Ⅰ Ⅱ Ⅲ	荧光渗透检测 着色渗透检测 荧光着色渗透检测	A B C D	水洗型渗透检测 亲油型后乳化渗透检测 溶剂去除型渗透检测 亲水型后乳化渗透检测	a b c d e	干粉显像剂 水溶解显像剂 水悬浮显像剂 溶剂悬浮显像剂 自显像

渗透检测方法代号示例：ⅡC-d 为溶剂去除型着色渗透检测（溶剂悬浮显像剂）。

以上渗透检测方法可对应选择使用，但也不是都可配合使用，也要根据灵敏度等级和检测的具体情况选择。

常用的渗透剂是荧光渗透剂和着色渗透剂，常用的去除剂有溶剂去除型和水洗型，常用的显像剂是溶剂悬浮显像剂和干粉显像剂。一般干粉显像剂与荧光法配合使用；干式显像法、水基湿式显像法和自显像法均不能用于着色法。

二、渗透检测方法的选用

渗透检测方法的选用，首先应满足检测缺陷类型和灵敏度的要求，选用中，必须考虑被检工件表面粗糙度、检测批量大小和检测现场的水源、电源等条件。此外，检测费用也是必须考虑的。不是所有的渗透检测灵敏度级别、材料和工艺方法均适用于各种检测要求。灵敏度级别达到预期检测目的即可，并不是灵敏度级别越高越好。相同条件下，荧光法比着色法有较高的检测灵敏度。

对于细小裂纹、宽而浅裂纹、表面光洁的工件，宜选用后乳化型荧光法或后乳化型着色法，也可采用溶剂去除型荧光法。

疲劳裂纹、磨削裂纹及其他微小裂纹的检测，宜选用后乳化型荧光法或溶剂去除型荧光法。

对于批量大的工件检测，宜选用水洗型荧光法或水洗型着色法。

大工件的局部检测，宜选用溶剂去除型着色法或溶剂去除型荧光法。

对于表面粗糙且检测灵敏度要求低的工件，宜选用水洗型荧光法或水洗型着色法。

检测场所无电源、水源时，宜选用溶剂去除型着色法。

另外，选用合适的显像方法，对保证检测灵敏度很重要。例如，光洁的工件表面，干粉显像剂不能有效地吸附在工件表面上，因而不利于形成显示，故采用湿式显像比干粉显像好；相反，粗糙的工件表面则适于采用干粉显像，采用湿式显像时，显像剂可能会在拐角、孔洞、空腔、螺纹根部等部位积聚而掩盖显示。溶剂悬浮显像剂对细微裂纹的显示很有效，但对浅而宽的缺陷显示效果则较差。

表 4-3 为渗透检测方法的选择指南。

表 4-3　渗透检测方法选择指南

对象或条件		渗透剂	显像剂
以检出缺陷为标准选择	浅而宽的缺陷、细微的缺陷	后乳化型荧光渗透剂	水湿式、非水湿式、干式（缺陷长度几毫米以上）
	深度 $10\mu m$ 及以下的细微缺陷		
	深度 $30\mu m$ 以上的缺陷	水洗型、溶剂去除型渗透剂	水湿式、非水湿式、干式（只用于荧光）
	靠近或聚集的缺陷以及需观察表面形状的缺陷	水洗型、后乳化型荧光渗透剂	干式
以被检工件为对象	小工件批量连续检测	水洗型、后乳化型荧光渗透剂	湿式、干式
	少量工件不定期检测及大工件局部检测	溶剂去除型渗透剂	非水湿式
以工件表面粗糙度为标准选择	表面粗糙的铸、锻件	水洗型渗透剂	干式（荧光检测）水湿式、非水湿式
	螺钉及键槽的拐角处		
	车削、刨削加工表面	水洗型、溶剂去除型渗透剂	
	磨削、抛光加工表面	后乳化型荧光渗透剂	
	焊接接头和其他缓慢起伏的凸凹面	水洗型、溶剂去除型渗透剂	
设备条件	有场地、水、电和暗室	水洗型、后乳化型、溶剂去除型荧光渗透剂	水湿式、非水湿式
	无水、电或现场高空作业	溶剂去除型荧光渗透剂	非水湿式
其他因素	要求重复检测	溶剂去除型、后乳化型荧光渗透剂	非水湿式、干式
	泄漏检测	水洗荧光渗透剂后乳化型荧光渗透剂	自显像、非水湿式、干式

应该注意，允许使用较高灵敏度等级的渗透剂代替较低灵敏度等级的渗透剂；反之，是不允许的，除非经过批准。铁磁性材料表面缺陷的检测，优先选用磁粉检测法。

三、渗透检测的操作步骤

采用不同类型的渗透剂、不同表面多余渗透剂的去除方法与不同的显像方式，可以组合成多种渗透检测方法。无论何种方法，渗透检测的基本步骤都包括预清洗、渗透、去除表面多余渗透剂、干燥、显像和检验六个步骤，如图 4-14 所示。

1. 预清洗

检测前预清洗的目的是彻底清除工件表面妨碍渗透剂渗入缺陷的油脂、涂料、铁锈、氧化皮及污物等附着物。常用的清洗方法有机械清理、化学清洗和溶剂清洗三种方法。

（1）机械清理　主要是清除工件表面的铁锈、飞溅、毛刺、涂料等覆盖物。常用的方式有抛光、喷砂、喷丸、钢丝刷刷除、砂轮打磨及超声波清洗等。采用机械清理的方法有可能使工件表面产生变形，清理时产生的金属粉末、砂末等可能堵塞缺陷，影响渗透检测的效果，所以工件经机械清理后，一般在渗透检测前应进行酸洗或碱洗。

（2）化学清洗　包括酸洗和碱洗，主要用来清除工件表面的铁锈、油污等杂质。酸洗或碱洗要根据被检金属材料、污染物的种类和工件环境来选择。同时，由于酸、碱对金属有强

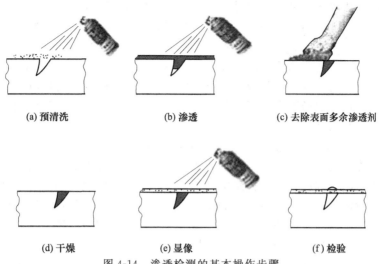

图 4-14　渗透检测的基本操作步骤

烈的侵蚀作用，在使用时，对清洗液的浓度、清洗的时间都应严格控制，清洗后要进行水淋洗，去除多余的酸液或碱液，以免对工件形成腐蚀。表 4-4 为常用酸洗、碱洗液配方及适用范围。

表 4-4　酸洗、碱洗液配方及适用范围

名称	配方	温度	适用范围	备注
酸洗液	硫酸 100mL 铬酐 40mL 氢氟酸 10mL 加水至 1L	室温	钢制工件	中和液： 氢氧化铵 25% 水 75%
	硝酸 80% 氢氟酸 10% 水 10% （按体积比）	室温	不锈钢工件	
	盐酸 80% 硝酸 13% 氢氟酸 7%（按体积比）	室温	镍基合金工件	
碱洗液	氢氧化钠 6g 水 1L	70～77℃	铝合金铸件	中和液： 硝酸 25% 水 75%
	氢氧化钠 10% 水 90%	77～88℃	铝合金铸件	

（3）溶剂清洗　包括溶剂液体清洗和溶剂蒸气除油等方法。主要用来清除各类油脂及某些油漆。

溶剂液体清洗采用有机溶剂如汽油、矿物油、酒精（乙醇、甲醇）、三氯乙烷、苯和乙醚等作为清洗剂。溶剂蒸气除油通常是采用三氯乙烯蒸气除油槽装置进行蒸气除油。

2. 渗透

渗透的目的是把渗透剂覆盖在被检工件的检测表面上，让渗透剂能充分地渗入到工件表面开口的缺陷中去。

（1）渗透方法的选择　渗透处理应根据被检工件的数量、尺寸、形状以及渗透剂的种类选择渗透方法，并保证有足够的渗透时间。

① 浸渍法　是将工件直接浸没在已调配好的渗透剂槽中，渗透剂槽一般用铝合金或不

锈钢制成。这种方法渗透效果好，省时省工，对小型批量的零件适用。

② 刷涂法　是用软毛刷把渗透剂刷涂在被检测的部位，适宜于工件局部检测和焊接接头检测。

③ 喷涂法　是用气泵将渗透剂雾化成微小的液体颗粒后，通过喷雾器喷洒在被检的部位，由于喷涂时雾化的渗透剂会弥漫在工作场所，对操作者的健康有影响，因此喷涂法应在敞开的环境或通风良好的场所中采用。喷涂法适用于大工件的局部或整体检测。

（2）渗透时间及温度的选择

① 渗透时间　是指施加渗透剂到开始乳化处理或清洗处理之间的时间。

采用浸渍法施加时，还应包括排液所需的时间。这时它是施加渗透剂时间和滴落时间之和。被检工件浸渍渗透剂后，应进行滴落，以减少渗透剂的损耗。滴落时，排除被检工件表面流淌的渗透剂所需的时间称为滴落时间。因为渗透剂在滴落过程中仍在继续往缺陷中渗透，所以滴落时间是渗透时间的一部分。滴落过程中，渗透剂中的挥发物质被挥发掉，使渗透剂中的染料浓度相对提高，即提高了渗透检测灵敏度。

零件不同，要求发现缺陷的种类和大小也不同，零件表面状态不同及所用渗透剂不同，则渗透时间的长短不同。一般渗透检测工艺方法标准规定：在 $10 \sim 50℃$ 的温度条件下，渗透剂的渗透时间一般不得少于 10min。但对某些微小的裂纹，如应力腐蚀裂纹，渗透时间较长，有时甚至可达几个小时。

② 渗透温度　对渗透效果也有一定的影响。温度过高，渗透剂容易干在工件表面上，给清洗带来困难；同时渗透剂受热后，某些成分分解蒸发，会使渗透剂的性能下降。温度太低，将会使渗透剂变稠，渗透速度受影响。渗透时可将渗透温度控制在 $10 \sim 50℃$ 范围。

3. 去除表面多余渗透剂

去除表面多余渗透剂的作用是改善渗透检测表面缺陷的对比度和可见度，以保证在得到合适背景的情况下，取得满意的灵敏度。去除的方法因渗透剂的种类不同而不同。

（1）水洗型渗透剂的去除　水洗型渗透剂可用水喷法清洗。一般渗透检测工艺方法标准规定：水射束与被检面的夹角以 $30°$ 为宜，水温为 $10 \sim 40℃$，冲洗装置喷嘴处的水压应不超过 0.34 MPa。水洗型荧光渗透剂用水喷法清洗时，应使用粗水柱，喷头距离受检工件 300mm 左右，并注意不要溅入邻近槽的乳化剂中。应由下而上进行，以避免留下一层难以去除的荧光薄膜。水洗型渗透剂中含有乳化剂，所以水洗时间长，水洗压力高，水洗温度高。这便有可能把缺陷中的渗透剂清洗掉，产生过清洗。在得到合适背景的前提下，水洗时间越短越好。荧光渗透剂的去除，可在紫外灯照射下边观察边进行。着色渗透剂的去除应在白光下控制进行。除水喷洗外，去除方法还有手工水擦洗、空气搅拌水浸洗等方法。

（2）后乳化型渗透剂的去除　后乳化型渗透剂去除时应在乳化前，先用水预清洗，然后再乳化，最后再用水清洗。预清洗的目的是尽可能去除附着于被检工件表面的多余渗透剂，以减少乳化量，同时也可减少渗透剂对乳化剂的污染，延长乳化剂的寿命。预清洗后在进行乳化时，只能用浸涂、浇涂和喷涂的方法施加，乳化时间取决于渗透剂和乳化剂的性能以及工件表面的粗糙度。通常亲油型乳化剂的乳化时间在 2min 内，亲水型乳化剂的乳化时间在 5min 内。乳化完成后，应马上浸入搅拌水中，以迅速停止乳化剂的乳化作用，最后再用水清洗。

（3）溶剂去除型渗透剂的去除　溶剂去除型渗透剂用溶剂去除。除特别难清洗的地方外，一般应先用干燥、洁净、不脱毛的布依次擦拭，直至大部分多余渗透剂被去除后，再用蘸有去除溶剂的干净不脱毛布或纸进行擦拭，直至将被检表面上多余的渗透剂全部擦净。但应注意，不得往复擦拭，不得用去除溶剂直接冲洗被检面。

4. 干燥

(1) 干燥的目的和时机　干燥的目的是除去被检工件表面的水分，使渗透剂充分地渗入缺陷或回渗到显像剂上。干燥的时机与表面多余渗透剂的去除方法和使用的显像剂密切相关。原则上，溶剂去除法渗透检测时，不必进行专门的干燥处理，应在室温下自然干燥，不得加热干燥。用水清洗的被检工件，若采用干粉显像或非水湿式显像时，则在显像之前，必须进行干燥处理；若采用水湿式显像剂应在施加后进行干燥处理；若采用自显像，则应在水清洗后进行干燥。

(2) 常用的干燥方法　干燥的方法有干净布擦干、压缩空气吹干、热风吹干、热空气循环烘干等。实际应用中是将多种干燥方法组合进行。例如，被检工件水洗后，先用干净布擦去表面明显的水分，再用经过过滤的清洁干燥的压缩空气吹去表面的水分，尤其要吹去盲孔、凹槽、内腔部位及可能积水部位的水，然后放进热空气循环干燥装置中干燥。另一种方法是在室温下使用环流风扇。使用这种方法的渗透检测，其灵敏度通常不及使用加热的干燥法。只有当被检工件由于尺寸或质量等原因，不能使用烘箱时，才使用环流风扇吹干方法。

(3) 干燥温度和时间　干燥温度不能太高，干燥时间不能太长。否则会将缺陷中渗透剂烘干，不能形成缺陷显示。过度干燥还会造成渗透剂中染料变质。允许的最高干燥温度与所用渗透剂种类及被检工件材料有关。正确的干燥温度需经试验确定。一般渗透检测工艺方法标准常作总体规定：干燥时被检工件表面的温度不得大于 50℃；干燥时间为 5~10min。

5. 显像处理

显像过程是指在工件表面施加显像剂，利用吸附作用和毛细作用原理将缺陷中的渗透剂回渗到工件表面，从而形成清晰可见缺陷显示图像的过程。

(1) 显像方法　常用的显像方法有干式显像、非水基湿式显像、水基湿式显像和自显像等。

① 干式显像　也称干粉显像，主要用于荧光渗透检测法。使用干式显像剂时，必须先经干燥处理，再用适当方法将显像剂均匀地喷洒在整个被检工件表面上，并保持一段时间。多余的显像剂通过轻敲或轻气流清除方式去除。干粉显像可将被检工件埋入显像粉中进行，也可用喷枪或喷粉柜喷粉显像，但最好采用喷粉柜进行喷粉显像。喷粉柜喷粉显像是将被检工件放入显像粉末柜中，用经过过滤的干净干燥的压缩空气或风扇，将显像粉末吹扬起来，使其呈粉雾状，将被检工件包围住，在被检工件表面上均匀地覆盖一层显像粉末，滞留的多余显像剂粉末，应用轻敲法或用干燥的低压空气吹除。

② 非水基湿式显像　主要采用压力喷罐喷涂。喷涂前应摇动喷罐中的珠子，使显像剂重新悬浮，固体粉末重新呈细微颗粒均匀分散状。喷涂时要预先调节好，调节到边喷边形成显像剂薄膜的程度。喷嘴至被检面距离为 300~400mm，喷涂方向与被检面夹角为 30°~40°。非水基湿式显像有时也采用浸涂或刷涂，浸涂要迅速，刷涂笔要干净，一个部位不允许往复刷涂几次。

③ 水基湿式显像　可采用浸涂、浇涂或喷涂，多数采用浸涂。涂覆后进行滴落，然后再在热空气循环烘干装置中烘干，干燥过程就是显像过程。水悬浮湿式显像时，为防止显像粉末的沉淀，浸涂时，要不定时地进行搅拌。被检工件在滴落和干燥期间，位置放置应合适，以确保显像剂不在某些部位形成过厚的显像剂层，以防可能掩盖缺陷显示。

④ 自显像　对灵敏度要求不高的工件检测，如铝、镁合金砂型铸件及陶瓷件等，常可采用自显像的显像工艺。即在干燥后不施加显像剂，停留 10~120min，待缺陷中的渗透剂重新回渗到被检工件表面上后，再进行检验。为保证足够的灵敏度，通常采用较高一个等级的渗透剂进行渗透，在更强的黑光灯下进行检验。自显像省掉了显像剂施加步骤，简化了工

艺，节约了检测费用。

(2) 显像时间　不同的显像方式显像时间的含义是不同的。对干式显像剂而言，是指从施加显像剂起到开始观察检查缺陷显示的时间。对湿式显像剂而言，是指从显像剂干燥起到开始观察检查缺陷显示的时间。

显像时间取决于显像剂和渗透剂的种类、缺陷大小以及被检工件温度。显然，非水基湿式显像，由于有机溶剂挥发较快，显像时间很短。

显像时间是很重要的，必须给以足够的时间让显像作用充分进行，但也应在渗透剂扩展得过宽及缺陷显示变得难于评定之前完成检验。JB/T 4730.5—2005 标准中规定：自显像停留 10～120min，其他显像方法显像时间一般应不少于 7min。

6. 观察

(1) 观察时机　观察显示应在显像剂施加后 7～60min 内进行。如显示的大小不发生变化，时间也可超过上述范围。对于溶剂悬浮显像剂，应遵照说明书的要求或试验结果进行操作。

(2) 观察光源　进行观察时对光源有一定的要求。着色渗透检测的显示是在白光灯下进行观察的，白光强度要足够，为确保细微的缺陷不漏检，被检零件上的照度应至少达到 1000lx。荧光渗透检测的缺陷显示要在黑暗的检验室中于黑光灯的照射下观察。为确保足够的对比率，要求暗室内白光照度不应超过 20lx，被检工件表面的黑光照度不低于 $1000\mu W/cm^2$。如采用自显像工艺，则应不低于 $3000\mu W/cm^2$，同时，检验台上不允许放置荧光物质，以免影响检测灵敏度。

7. 显示的解释和分类

渗透检测显示的解释是指对肉眼所见的着色或荧光痕迹显示进行观察和分析，确定痕迹显示产生的原因及类型。渗透检测显示一般分为三种类型：由真实缺陷引起的相关显示；由工件的结构等原因引起的非相关显示；由表面未清洗干净而残留的渗透剂引起的虚假显示。

(1) 相关显示　是指从裂纹、气孔、夹杂、疏松、折叠及分层等真实缺陷中渗出的渗透剂所形成的显示，它们是判断是否存在缺陷的标志。

(2) 非相关显示　这类显示不是由真实缺陷引起的，而是由工件加工工艺、工件结构的外形、工件表面状态等所引起的，非相关显示引起的原因通常可以通过肉眼目视检验来证实，不将其作为渗透检测质量验收的依据。表 4-5 列出常见非相关显示的种类、位置和特征。

表 4-5　渗透检测常见的非相关显示

种类	位置	特征
焊接飞溅、焊接接头表面波纹	电弧焊的基体金属上	表面上的球状物、表面夹沟
电阻焊接接头上不焊接的边缘部分	电阻焊接接头的边缘	沿整个焊接接头长度、渗透剂严重渗出
装配压痕	压配合处	压配合轮廓
铆接印	铆接处	锤击印
刻痕、凹坑、划伤	各种工件	目视可见
毛刺	机械加工工件	目视可见

(3) 虚假显示　这类显示不是由缺陷或不连续引起的，也不是由工件结构外形或加工工艺等引起的，而是由零件表面渗透剂的污染产生的。

渗透检测时，要避免虚假显示的产生，就要尽量避免渗透剂的污染现象出现，判断痕迹显示是不是虚假显示，可以用酒精沾湿的棉球擦拭显示痕迹，如果擦拭后，不再显示，即为虚假显示。

8. 缺陷的评定

缺陷的评定是指渗透检测的痕迹显示,经过解释分析,确定痕迹显示的类型后,如果是相关显示,那么要对缺陷的严重程度根据指定的验收标准,作出合格与否的结论。

(1) 缺陷痕迹显示的分类 一般根据缺陷形状、尺寸和分布状况进行缺陷痕迹显示分类。不同的工件其渗透检测的质量验收标准不同,对缺陷显示的分类也不相同。通常根据受检工件所使用的渗透检测质量验收标准进行具体的分类。常见的缺陷显示痕迹的分类是根据显示痕迹的形状和分布状态进行的。

① 线性缺陷显示痕迹 可分为连续线性缺陷显示痕迹和断续线性缺陷显示痕迹两类,连续线性缺陷显示痕迹是由裂纹、冷隔、锻造折叠等缺陷所产生的。通常指长宽比大于3的缺陷痕迹显示。断续线性缺陷显示痕迹是指在一条直线或曲线上存在距离较近的缺陷所组成的缺陷显示。如果两个或两个以上的缺陷显示痕迹大致在一条直线上,且相邻两个显示痕迹的间距不大于2mm时,就称为断续线性显示痕迹。其长度为各个缺陷的长度和相邻显示痕迹之间的间距长度的总和。

② 圆形缺陷显示痕迹 除线性显示之外的其他缺陷显示,均称为圆形缺陷显示,通常指长宽比小于或等于3的缺陷痕迹显示。圆形缺陷显示是由表面的气孔、针孔、缩孔或疏松等缺陷引起的。如果表面裂纹比较深,显像时渗出较多的渗透剂,也可能在缺陷处扩散而形成圆形显示。

③ 分散型显示痕迹和密集型显示痕迹 在一定的面积范围内,存在几个缺陷的显示痕迹为分散型缺陷显示痕迹。如果缺陷痕迹显示最短长度小于2mm,间距又小于显示痕迹时,则可看作是密集型缺陷显示痕迹。如果缺陷显示中最短的显示长度小于2mm,而间距又大于显示痕迹时,则可视为单独的缺陷显示。

(2) 常见缺陷的显示特征 常见的表面缺陷在渗透检测时显示特征是不同的。常见的几种表面缺陷的显示特征如表4-6所示。图4-15～图4-18所示为典型裂纹缺陷痕迹显示。

表 4-6 渗透检测常见缺陷及其显示特征

缺陷名称	显 示 特 征
焊接裂纹	焊接热裂纹一般呈现曲折的波浪状或锯齿状红色(或明亮的黄绿色) 焊接冷裂纹一般呈直线状红色(或明亮的黄绿色),细线条,中部稍宽,两端尖细,颜色逐渐减淡
铸造裂纹	呈锯齿状,端部尖细;深的裂纹有时甚至呈圆形,用酒精沾湿布擦拭显示部位,外形特征可显现
淬火裂纹	通常呈红色或明亮的黄绿色(荧光检测时)的细线条显示,呈线状、树枝状或网状,裂纹起源处宽度较宽,沿延伸方向逐渐变细
疲劳裂纹	呈红色光滑线条或黄绿色(荧光渗透检测时)亮线条
应力腐蚀裂纹	一般呈线状、曲线状显示,随延伸方向逐渐变得尖细
焊接气孔	表面气孔显示呈圆形、椭圆形或长圆条形,红色色点(或黄绿色荧光亮点),并均匀地向边缘减淡
铸造气孔	表面气孔显示呈圆形、椭圆形或长圆条形,红色色点(或黄绿色荧光亮点),并均匀地向边缘减淡
未熔合	坡口未熔合延伸至表面时,显示为直线状或椭圆形的条状
冷隔	连续或断续的光滑线条
折叠	采用高灵敏度渗透剂和较长的渗入时间,显示为连续或断续的细线条
疏松	呈密集点状、密集短条状或聚集块状,每个点、条、块的显示又是由很多个靠得很近的小点显示连成一片形成的

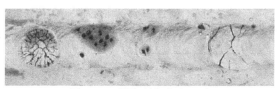

图 4-15 焊接裂纹痕迹显示

图 4-16 应力腐蚀裂纹痕迹显示

图 4-17 铸造裂纹痕迹显示

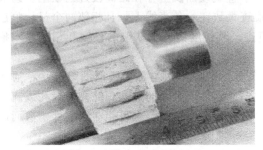

图 4-18 淬火裂纹痕迹显示

（3）缺陷痕迹显示的等级评定 渗透检测痕迹显示的等级评定是指对显示的缺陷痕迹进行定位、定量及定性等评定，然后再根据引用的标准或技术文件，作出合格与否的判定。

① 缺陷显示分类 JB/T 4730.5—2005 对渗透检测的显示分类规定如下。

a. 显示分为相关显示、非相关显示和虚假显示。非相关显示和虚假显示不必记录和评定。

b. 小于 0.5mm 的显示不计，除确认显示是由外界因素或操作不当造成的之外，其他任何显示均应作为缺陷处理。

c. 缺陷显示在长轴方向与工件（轴类或管类）轴线或母线的夹角大于或等于 30°时，按横向缺陷处理，其他按纵向缺陷处理。

d. 长度与宽度之比大于 3 的缺陷显示，按线性缺陷处理；长度和宽度之比小于或等于 3 的缺陷显示，按圆形缺陷处理。

e. 两条或两条以上的线性缺陷显示在同一条直线上且间距不大于 2mm 时，按一条缺陷显示处理，其长度为两条缺陷显示之和加间距。

② 渗透检测显示的质量分级 JB/T 4730.5—2005 对渗透检测显示的质量分级规定如表4-7 及表 4-8 所示。

表 4-7　焊接接头和坡口的质量分级

等级	线性缺陷磁痕	圆形缺陷磁痕（评定框尺寸为 35mm×100mm）
Ⅰ	不允许	$d \leqslant 1.5$mm，且在评定框内少于或等于 1 个
Ⅱ	不允许	$d \leqslant 4.5$mm，且在评定框内少于或等于 4 个
Ⅲ	$L \leqslant 4$mm	$d \leqslant 8$mm，且在评定框内少于或等于 6 个
Ⅳ	大于Ⅲ	

注：L 为线性缺陷长度；d 为圆形缺陷在任何方向上的最大尺寸。

表 4-8　其他部件的质量分级

等级	线性缺陷磁痕	圆形缺陷磁痕（评定框尺寸为 2500mm²，其中一条矩形边的最大长度为 150mm）
Ⅰ	不允许	$d \leqslant 1.5$mm，且在评定框内少于或等于 1 个
Ⅱ	$L \leqslant 4$mm	$d \leqslant 4.5$mm，且在评定框内少于或等于 4 个
Ⅲ	$L \leqslant 8$mm	$d \leqslant 8$mm，且在评定框内少于或等于 6 个
Ⅳ	大于Ⅲ	

注：L 为线性缺陷长度；d 为圆形缺陷在任何方向上的最大尺寸。

9. 后清洗

完成渗透检测之后，应当去除显像剂涂层、渗透剂残留痕迹及其他污染物，这就是后清洗。一般来说，去除这些物质的时间越早，则越容易去除。后清洗的目的是为保证渗透检测后，去除任何会影响后续处理的残余物，使其不对被检工件产生损害或危害。常用的后清洗方法如下。

① 干式显像剂可粘在湿渗透剂或其他液体物质的地方，或滞留在缝隙中，可用普通自来水冲洗，也可用无油压缩空气吹等方法去除。

② 水悬浮显像剂的去除比较困难。因为该类显像剂经过 80℃ 左右干燥后黏附在被检工件表面，故去除的最好方法是用加有洗涤剂的热水喷洗，有一定压力喷洗效果更好，然后用手工擦洗或用水漂洗。

③ 水溶性显像剂用普通自来水冲洗即可去除，因为该类显像剂可溶于水中。

④ 溶剂悬浮显像剂的去除，可先用湿毛巾擦，然后用干布擦，也可直接用清洁干布擦或硬毛刷刷；对于螺纹、裂缝或表面凹陷，可用加有洗涤剂的热水喷洗，超声波清洗效果更好。

⑤ 在后乳化型渗透检测中，如果被检工件数量很少，则用乳化剂乳化，然后用水冲洗的方法去除显像剂涂层及滞留渗透剂残留物也是有效的。

四、渗透检测缺陷的记录和检测报告

1. 渗透检测缺陷的记录

对缺陷进行评定后，有时需要将缺陷记录下来，常用的缺陷记录方式有如下三类。

（1）画图标注法　画出工件草图，在草图上标出缺陷的相应位置、形状和大小，并注明缺陷的性质。

（2）粘贴复制法　可采用透明胶带或塑料薄膜显像剂进行粘贴复制。采用透明胶带复制时，先清洁显示部位四周，并进行干燥，然后用透明胶带轻轻地覆盖在显示痕迹上，再轻压胶带，将带有显示痕迹的胶带粘贴在薄纸或记录本上。采用可剥塑料薄膜显像剂进行记录时，采用带有显像剂的可剥离塑料薄膜，显像后，将其剥离下来，贴到玻璃板上保存下来。

（3）照相记录法　在适当光照条件下，用照相机直接把缺陷的痕迹显示拍照下来进行保存。

2. 渗透检测报告

渗透检测的结果最终以检测报告的形式作出评定结论，检测报告应能综合反映实际的检测方法、检测工艺、操作情况及检测结论，并经具有任职资格的检测人员审核后签发存档，作为一项产品的交工资料。一份完整的检测报告应包括以下内容。

① 受检工件的委托单位；被检工件状态、名称、编号、规格、形状、坡口形式、焊接方式和热处理状态。

② 检测方法及条件，包括渗透剂类型及显像方式、渗透温度和时间、乳化时间、水压及水温、干燥温度及时间、显像时间、检测灵敏度及试块名称。

③ 操作方法：预清洗方法、渗透剂施加方法、乳化剂施加方法、去除方法、干燥方法、显像剂施加方法、观察方法和后清洗方法。

④ 检测结论。

⑤ 示意图。

⑥ 检测日期、检测人员姓名、资格等级。

项目四　水洗型渗透检测法

学习目标

- 熟悉水洗型渗透检测法的使用范围及优缺点。
- 掌握水洗型渗透检测法的检测工艺。

任务描述

某在用中压分离器，结构如图 4-19 所示，规格为 $\phi 2000\text{mm} \times 6989\text{mm} \times 33\text{mm}$，余高 3mm，接管为 DN836mm。筒体基层材质为 Q345R；内表面为自动堆焊层，材料为 E347L（不锈钢）；有部分手工堆焊层。设计压力为 3.2MPa，工作压力为 2.6MPa；工作介质为烃和 H_2，介质中 H_2S 含量较高；工作温度为 220℃。容积为 14m^3。容器类别为 Ⅱ 类。本次开罐定期检测要求对内表面堆焊层进行 100% 渗透检测，标准执行 JB/T 4730.5—2005，Ⅱ级合格。环境温度 25℃。本任务的要求是编制内表面堆焊层渗透检测工艺并实施。

相关知识

水洗型渗透检测方法包括水洗型着色法和水洗型荧光法，是目前应用很广泛的一类方法。水洗型渗透检测程序如图 4-20 所示。

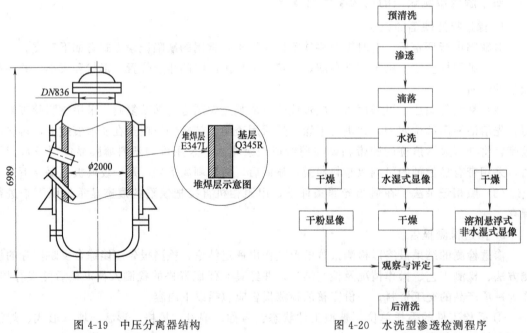

图 4-19　中压分离器结构　　　　图 4-20　水洗型渗透检测程序

一、水洗型渗透检测法的适用范围

① 灵敏度要求不高。

② 检测大体积或大面积的工件。

③ 检测开口窄而深的缺陷。

④ 检测表面很粗糙（如砂型铸造）的工件。

⑤ 检测螺纹工件和带有键槽的工件。

工件的状态不同，缺陷种类不同，所需渗透时间不同。表 4-9 列出了水洗型荧光渗透检测推荐的渗透时间，也可供水洗型着色渗透检测时参考。实际渗透时间，需根据所用渗透剂型号，检测灵敏度要求或渗透剂制造厂推荐的渗透时间来具体确定；实际渗透时间还与渗透温度有关，当渗透温度改变较大时，应通过试验确定。

表 4-9　水洗型荧光渗透检测推荐的渗透时间（温度 16～28℃）

材料	状态	缺陷类型	渗透时间/min
铝、镁	铸件	气孔、裂纹、冷隔	5～15
	锻件	裂纹	15～30
		折叠	30
	焊接接头	未焊透、气孔、裂纹	30
	各种状态	疲劳裂纹	30
不锈钢	铸件	气孔、裂纹、冷隔	30
	锻件	裂纹、折叠	60
	焊接接头	未焊透、气孔、裂纹	60
	各种状态	疲劳裂纹	60
黄铜、青铜	铸件	气孔、裂纹、冷隔	10
	锻件	裂纹	20
		折叠	30
	焊接接头	裂纹	10
		未焊透、气孔	15
	各种状态	疲劳裂纹	30
塑料		裂纹	5～30
玻璃	玻璃与金属封严	裂纹	30～120
硬质合金刀头	焊接刀头	未焊透、气孔	30
		磨削裂纹	10
钨丝		裂纹	60～1440
钛和高温合金	各种状态	各种缺陷	不推荐使用

二、水洗型渗透检测法的优点

① 表面多余的渗透剂可以直接用水去除，相对于后乳化型渗透检测法，具有操作简便、检测费用低等优点。

② 检测周期较其他方法短。能适应绝大多数类型的缺陷检测。如使用高灵敏度荧光渗透剂，可检出很细微的缺陷。

③ 较适合于表面粗糙的工件检测，也适用于螺纹类工件、窄缝和工件上的键槽、盲孔内缺陷等的检测。

三、水洗型渗透检测法的缺点

① 灵敏度相对较低，对浅而宽的缺陷容易漏检。

② 重复检测时，再现性差，故不宜在复检的场合下使用。

③ 如清洗方法不当，易造成过清洗。例如，水洗时间过长、水温偏高或水压过大，都可能将缺陷中的渗透剂清洗掉，降低缺陷的检出率。

④ 渗透剂的配方复杂。

⑤ 抗水污染的能力弱。特别是渗透剂中的含水量超过容水量时，会出现混浊、分离、沉淀及灵敏度下降等现象。

⑥ 酸的污染将影响检测的灵敏度，尤其是酸和铬酸盐的影响很大。这是因为酸和铬酸盐在没有水存在的情况下，不易与渗透剂的染料发生化学反应，但当水存在时，易与染料发生化学反应，而水洗型渗透剂中含有乳化剂，易与水相混溶，故酸和铬酸盐对其影响较大。

任务实施

一、渗透检测设备及器材

1. 渗透检测剂

渗透剂：水洗荧光型渗透剂 ZB-2，溶剂去除型着色渗透剂 DPT-5（低氟、低氯型）。

乳化剂：乳化剂 9PR12。

清洗剂：溶剂清洗剂 DPT-5（低氟、低氯型），20～30℃、0.2～0.3MPa 水。

显像剂：溶剂悬浮型显像剂 DPT-5（低氟、低氯型），干粉型显像剂，溶剂悬浮型显像剂 ZB-2。

2. 检测设备及设施

水源、电源、干燥箱、便携式渗透检测设备、固定式渗透检测设备、浸槽、黑光灯、黑光辐照计、照度计、铝合金试块（A 型）、镀铬试块（B 型）、电动钢丝刷、钢丝刷、压缩空气、红外线测温仪、角向磨光机、干净不脱毛棉布等。

二、制定工艺

渗透检测工艺卡见表 4-10。

表 4-10　渗透检测工艺卡

设备名称	中压分离器	规格尺寸	$\phi2000\text{mm}\times6989\text{mm}\times33\text{mm}$	热处理状态	—	检测时机	外观质量检查合格后
被检表面要求	不锈钢丝盘机打磨磨光机打磨	材料牌号	Q345R＋E347L	检测部位	内表面堆焊层	检测比例	100%
检测方法	ⅠA-d	检测温度	25℃	标准试块	B 型	检测方法标准	JB/T 4730.5—2005
观察方式	黑光灯下，目视	渗透剂型号	ZB-2	乳化剂型号	—	清洗剂型号	水
显像剂型号	ZB-2	渗透时间	≥10min	干燥时间	5～10min	显像时间	≥7min
乳化时间	—	检测设备	黑光灯	黑光辐照度	$\geq1000\mu\text{W/cm}^2$	可见光照度	≤20lx
渗透剂施加方法	喷涂	乳化剂施加方法	喷涂	去除方法	喷（水）洗	显像剂施加方法	喷涂
水洗温度	10～40℃	水压	0.2～0.3MPa	验收标准	JB/T 4730.5—2005	合格级别	Ⅱ
渗透检测质量评级要求	1. 不允许存在任何裂纹 2. 不允许线性缺陷显示，圆形缺陷显示（评定框尺寸 35mm×100mm）长径 $d\leq4.5\text{mm}$，且在评定框内少于或等于 4 个						
备注	1. 渗透检测剂中氯、氟元素含量的质量比不得超过 1% 2. 渗透检测实施前、检测操作方法有误或条件发生变化时，用 B 型试块按工艺进行校验 3. 容器内检测时，注意通风、用电安全、防火、防尘						
编制人及资格				审核人及资格			
日期				日期			

三、操作步骤

（1）表面准备　用不锈钢丝盘磨光机打磨去除污物。

（2）预清洗　用水将被检表面冲洗干净，重点去除油污等。

（3）干燥　热风吹干，被检面的温度不得大于 50℃。

（4）渗透　喷涂施加渗透剂，使之覆盖整个被检表面，在整个渗透时间内始终保持润湿，渗透时间不应少于 10min。

（5）去除　用水喷法去除。冲洗时，水射束与被检面的夹角以 30°为宜，水温为 10～

40℃，如无特殊规定，冲洗装置喷嘴处的水压应不超过 0.34MPa。在黑光灯照射下边观察边去除，防止欠洗或过清洗。

（6）干燥　热风进行干燥。干燥时，被检面的温度不得大于 50℃，干燥时间 5～10min。

（7）显像　喷涂法施加，喷嘴离被检面距离为 300～400mm，喷涂方向与被检面夹角约为 30°～40°，使用前应充分将喷罐摇动使显像剂均匀，不可在同一处反复多次施加。显像时间应不少于 7min。

（8）观察　显像剂施加后 7～60min 内进行观察，距黑光灯滤光片 38cm 的工件表面的辐照度大于或等于 $1000\mu W/cm^2$，暗处白光照度应不大于 20lx，必要时可用 5～10 倍放大镜进行观察。进入暗区，至少经过 3min 的黑暗适应，不能戴对检测有影响的眼镜。

（9）复验　应将被检面彻底清洗，重新进行渗透等检测操作各步骤。检测灵敏度不符合要求、操作方法有误或技术条件改变、合同各方有争议或认为有必要时进行。

（10）后清洗　将被检面的渗透检测剂用水冲洗干净。

（11）评定与验收　根据缺陷显示尺寸及性质按 JB/T 4730.5—2005 进行等级评定，Ⅱ级合格。

（12）报告　出具报告内容至少包括 JB/T 4730.5—2005 规定的内容。

任务评价

评分标准见表 4-11。

表 4-11　评分标准

序号	考核内容	评分要素	配分	评分标准	扣分	得分
1	准备工作	1. 准备材料、设备及工具 2. 预清理；对灵敏度试块进行清理擦拭，对试件或零件表面进行清理	10	1. 设备、器材准备不齐每少一件扣 2 分，扣完 5 分为止 2. 未进行擦拭和检测部位预处理，检测面未达到要求扣 5 分		
2	确定检测工艺	1. 结合被检工件的检测要求，确定渗透检测方法 2. 根据渗透检测方法选用渗透剂、去除剂、显像剂 3. 根据检测灵敏度要求，选用灵敏度试块	20	1. 标准试块选择错扣 5 分 2. 渗透剂选择错扣 5 分 3. 去除剂选择错扣 5 分 4. 显像剂选择错扣 5 分		
3	渗透检测操作	1. 清洗剂的使用、清洗时机 2. 渗透剂的使用、渗透时机 3. 显像剂的使用、显像时机	30	1. 清洗方法错扣 5 分 2. 清洗时机错扣 5 分 3. 施加渗透剂的方法错扣 5 分 4. 渗透时机错扣 5 分 5. 施加显像剂的方法错扣 5 分 6. 显像时机错扣 5 分		
		显示的观察与记录： 1. 显示的观察应在试件或零件表面上的光照度不小于 1000lx 的条件下进行 2. 能正确地测量显示的尺寸 3. 采用适当的方法做好原始记录	15	1. 未测定光照度，或光照度达不到要求扣 5 分 2. 显示尺寸测量每错 1 处扣 2 分，扣完 5 分为止 3. 缺陷显示记录每错 1 处扣 2 分，扣完 5 分为止		
		缺陷评定与结论： 　　根据记录的缺陷性质、尺寸大小，对照执行标准的规定进行正确评定	10	质量等级评定错扣 10 分		
		后处理工序： 　　测试完毕后应将试件或零件表面清理干净	5	未清洗扣 5 分		
4	团队合作能力	能与同学进行合作交流，并解决操作时遇到的问题	10	不能与同学进行合作交流解决操作时遇到的问题扣 10 分		
		合计	100			

项目五 溶剂去除型渗透检测法

学习目标

• 熟悉溶剂去除型渗透检测法的使用范围及优缺点。

• 掌握溶剂去除型渗透检测法的检测工艺。

任务描述

某工厂在建工业压力管道，规格为 $\phi108mm \times 5mm$，材质为 12Cr18Ni9，总长 100m，

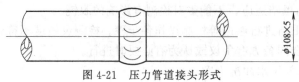

图4-21 压力管道接头形式

共 20 个对接焊接接头。接头形式如图 4-21 所示。焊接方法：氩弧焊打底，电弧焊多层多道焊。焊后外表面进行打磨。周围无水源。环境温度 20℃。图样要求：对接焊接接头外表面

20％，渗透检测抽查，按 JB/T 4730.5—2005 标准，I 级合格。本任务的要求是编制压力管道对接焊接接头渗透检测工艺并实施。

相关知识

溶剂去除型渗透检测法是渗透检测中应用较广的一种方法，它也包括溶剂去除型着色渗透检测法及溶剂去除型荧光渗透检测法两种。其中溶剂去除型着色渗透检测程序如图 4-22 所示。

一、溶剂去除型渗透检测法的适用范围

溶剂去除型渗透检测法适用于焊接件和表面光洁的工件，特别适用于大工件的局部检测，也适用于非批量工件和现场检测。工件检测前的清洗和渗透剂的去除都应采用同一种有机溶剂。

溶剂去除型渗透检测法所用渗透剂不是专用渗透剂，可以使用后乳化型渗透剂，也可以使用水洗型渗透剂。仅仅是因为去除方法不同，形成了不同的渗透检测方法。溶剂去除型渗透检测法多采用非水基湿式显像剂即溶剂悬浮显像剂显像，具有较高的检测灵敏度。渗透剂的渗透速度比较

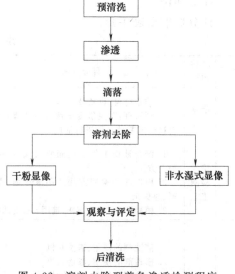

图 4-22 溶剂去除型着色渗透检测程序

快，故采用比较短的渗透时间。表 4-12 列出了溶剂去除型着色渗透检测推荐的渗透时间。

表 4-12 溶剂去除型着色渗透检测推荐的渗透时间（温度 16～28℃）

材料	状态	渗透时间/min
各种材料	热处理裂纹	2
	磨削裂纹、疲劳裂纹	10
塑料陶瓷	裂纹、气孔	1～5
刀具或硬质合金刀具	未焊透、裂纹	1～105
铸件	气孔	3～10
	冷隔	10～20
锻件	裂纹、折叠	20
金属滚轧件	缝隙	10～20
焊接接头	裂纹、气孔、夹渣	10～20

二、溶剂去除型着色渗透检测法的优点

① 设备简单。渗透剂、清洗剂和显像剂一般装在喷罐中使用，故携带方便，且不需要暗室和黑光灯。

② 操作方便，对单个工件检测速度快。

③ 适合于外场和大工件的局部检测，配合返修或对有怀疑的部位，可随时进行局部检测。

④ 可在没有水、电的场合下进行检测。

⑤ 缺陷污染对渗透检测灵敏度的影响不像对荧光渗透检测的影响那样严重，工件上残留的酸和碱对着色渗透剂的破坏不明显。

⑥ 与溶剂悬浮型显像剂配合使用，能检出非常细小的开口缺陷。

三、溶剂去除型着色渗透检测法的缺点

① 所用的材料多数是易燃和易挥发的，故不宜在开口槽中使用。

② 相对于水洗型和后乳化型而言，不太适合于批量工件的连续检测。

③ 不太适用于表面粗糙的工件检测。特别是对吹砂的工件表面更难应用。

④ 擦拭去除表面多余渗透剂时要细心，否则易将浅而宽的缺陷中的渗透剂洗掉，造成漏检。

任务实施

一、渗透检测设备及器材

1. 渗透检测剂

渗透剂：水洗荧光型渗透剂 ZB-2，后乳化型荧光渗透剂 985P12，溶剂去除型着色渗透剂 DPT-5（低氟、低氯型）。

乳化剂：乳化剂 9PR12。

清洗剂：溶剂清洗剂 DPT-5（低氟、低氯型）。

显像剂：溶剂悬浮型显像剂 DPT-5（低氟、低氯型），干粉型显像剂氧化镁粉。

2. 检测设备及设施

电源、干燥箱、便携式渗透检测设备、固定式渗透检测设备、黑光灯、黑光辐照计、照度计、铝合金试块（A 型）、镀铬试块（B 型）、电动钢丝刷、钢丝刷、压缩空气、红外线测温仪、角向磨光机、干净不脱毛棉布等。

二、制定工艺

渗透检测工艺卡见表 4-13。

表 4-13 渗透检测工艺卡

设备名称	压力管道	规格尺寸	ϕ108mm×5mm	热处理状态	—	检测时机	焊后
被检表面要求	打磨	材料牌号	12Cr18Ni9	检测部位	对接焊接接头	检测比例	20%
检测方法	ⅡC-d	检测温度	20℃	标准试块	B 型	检测方法标准	JB/T 4730.5—2005
观察方式	白光下目视	渗透剂型号	DPT-5	乳化剂型号	—	清洗剂型号	DPT-5
显像剂型号	DPT-5	渗透时间	≥10min	干燥时间	自然干燥	显像时间	≥7min

续表

设备名称	压力管道	规格尺寸	$\phi108mm\times5mm$	热处理状态	—	检测时机	焊后
乳化时间	—	检测设备	携带式喷罐	黑光辐照度	—	可见光照度	≥1000lx
渗透剂施加方法	喷涂	乳化剂施加方法	—	去除方法	擦洗	显像剂施加方法	喷涂
水洗温度	—	水压	—	验收标准	JB/T 4730.5—2005	合格级别	Ⅰ级
渗透检测质量评级要求	1. 不允许存在任何裂纹 2. 不允许线性缺陷显示,圆形缺陷显示(评定框尺寸35mm×100mm)长径$d\leqslant1.5mm$,且在评定框内少于或等于1个						
备注	1. 渗透检测剂中氯、氟元素含量的质量比不得超过1% 2. 渗透检测实施前、检测操作方法有误或条件发生变化时,用B型试块按工艺进行校验						
编制人及资格			审核人及资格				
日期			日期				

三、操作步骤

(1) 表面准备 用不锈钢丝盘磨光机打磨去除焊接接头及两侧各25mm范围内焊渣、飞溅及焊接接头表面不平,酸洗、钝化处理被检面。

(2) 预清洗 用清洗剂将被检面洗擦干净。

(3) 干燥 自然干燥。

(4) 渗透 喷涂施加渗透剂,使之覆盖整个被检面,在整个渗透时间内始终保持润湿,渗透时间不应少于10min。

(5) 去除 先用干燥、洁净不脱毛的布或纸依次擦拭,直至大部分多余渗透剂被去除后,再用蘸有清洗剂的干净不脱毛布或纸进行擦拭,直至将被检面上多余的渗透剂全部擦净。但应注意,擦拭时应按一个方向进行,不得往复擦拭,不得用清洗剂直接在被检面上冲洗。

(6) 干燥 自然干燥,时间应尽量短。

(7) 显像 喷涂法施加,喷嘴离被检面距离为300~400mm,喷涂方向与被检面夹角约为30°~40°,使用前应充分将喷罐摇动使显像剂均匀,不可在同一处反复多次施加。显像时间不应少于7min。

(8) 观察 显像剂施加后7~60min内进行观察,被检面处白光照度应不低于1000lx,必要时可用5~10倍放大镜进行观察。

(9) 复验 应将被检面彻底清洗,重新进行渗透等检测操作各步骤。检测灵敏度不符合要求、操作方法有误或技术条件改变、合同各方有争议或认为有必要时进行。

(10) 后清洗 用湿布擦除被检面显像剂或用水冲洗。

(11) 评定与验收 根据缺陷显示尺寸及性质按JB/T 4730.5—2005进行等级评定,Ⅰ级合格。

(12) 报告 出具报告内容至少包括JB/T 4730.5—2005规定的内容。

任务评价

评分标准见表4-14。

表 4-14　评分标准

序号	考核内容	评分要素	配分	评分标准	扣分	得分
1	准备工作	1. 准备材料、设备及工具 2. 预清理:对灵敏度试块进行清理擦拭,对试件或零件表面进行清理	10	1. 设备、器材准备不齐每少一件扣 2 分,扣完 5 分为止 2. 未进行擦拭和检测部位预处理,检测面未达到要求扣 5 分		
2	确定检测工艺	1. 结合被检工件的检测要求,确定渗透检测方法 2. 根据渗透检测方法选用渗透剂、去除剂、显像剂 3. 根据检测灵敏度要求,选用灵敏度试块	20	1. 标准试块选择错扣 5 分 2. 渗透剂选择错扣 5 分 3. 去除剂选择错扣 5 分 4. 显像剂选择错扣 5 分		
3	渗透检测操作	1. 清洗剂的使用、清洗时机 2. 渗透剂的使用、渗透时机 3. 显像剂的使用、显像时机	30	1. 清洗方法错扣 5 分 2. 清洗时机错扣 5 分 3. 施加渗透剂的方法错扣 5 分 4. 渗透时机错扣 5 分 5. 施加显像剂的方法错扣 5 分 6. 显像时机错扣 5 分		
		显示的观察与记录: 1. 显示的观察应在试件或零件表面上的光照度不小于 1000lx 的条件下进行 2. 能正确地测量显示的尺寸 3. 采用适当的方法做好原始记录	15	1. 未测定光照度,或光照度达不到要求扣 5 分 2. 显示尺寸测量每错 1 处扣 2 分,扣完 5 分为止 3. 缺陷显示记录每错 1 处扣 2 分,扣完 5 分为止		
		缺陷评定与结论: 根据记录的缺陷性质、尺寸大小,对照执行标准的规定进行正确评定	10	质量等级评定错扣 10 分		
		后处理工序: 测试完毕后应将试件或零件表面清理干净	5	未清洗扣 5 分		
4	团队合作能力	能与同学进行合作交流,并解决操作时遇到的问题	10	不能与同学进行合作交流解决操作时遇到的问题扣 10 分		
	合计		100			

项目六　后乳化型渗透检测法

学习目标

- 熟悉后乳化型渗透检测法的使用范围及优缺点。
- 掌握后乳化型渗透检测法的工艺。

任务描述

一批镍基合金锻件,结构如图 4-23 所示,规格为 $\phi 34mm \times 3mm$,表面光滑,图样设计要求进行 100% 表面渗透检测,执行标准 JB/T 4730.5—2005,检测灵敏度等级为 2 级,Ⅰ 级合格。环境温度 20℃。本任务的要求是编制锻件渗透检测工艺并实施。

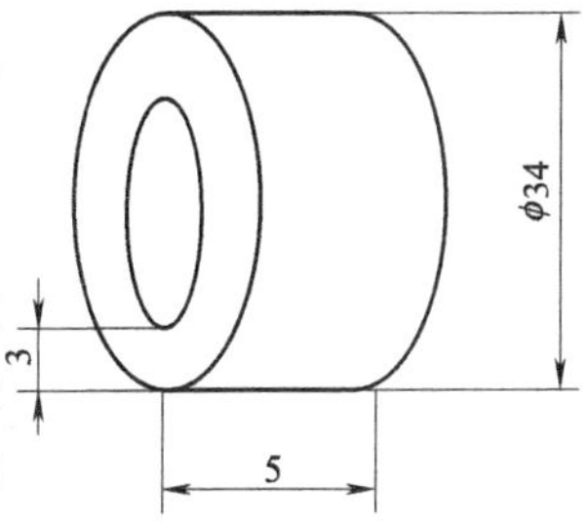

相关知识

后乳化型渗透检测法也是广泛使用的渗透检测方法之一。这种方法除了多一道乳化工序外,其余与水洗型渗透检测程序完全一样,这种方法也包括后乳化型着色渗透检测法及后乳化型荧光渗透检测法两种。亲水型后乳化渗透检测程序如图 4-24 所示。

图 4-23　锻件结构

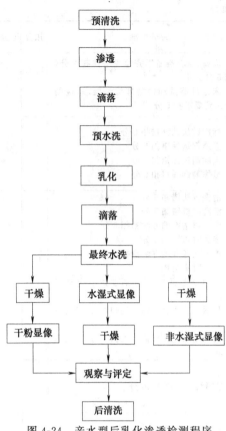

图 4-24 亲水型后乳化渗透检测程序

一、后乳化型渗透检测法的适用范围

① 表面阳极化工件、镀铬工件及复查工件。

② 有更高检测灵敏度要求的工件。

③ 被酸或其他化学试剂污染的工件，而这些物质会有害于水洗型渗透检测剂。

④ 检测开口浅而宽的缺陷。

⑤ 被检工件可能存在使用过程中被污物所污染的缺陷。

⑥ 应力或晶界腐蚀裂纹类缺陷（使用最高灵敏度渗透检测剂）。

⑦ 磨削裂纹缺陷。

⑧ 灵敏度可控，以便在检测出有害缺陷的同时，非有害缺陷不连续能够被放过。

后乳化型渗透检测法也大量应用于经机械加工的光洁工件的检测，例如，发电机的涡轮叶片、压气机叶片、涡轮盘及压气机盘等机械加工工件的检测。这些工件在检测前最好能进行一次酸洗或碱洗，以去除工件表面约 0.001～0.005mm 的一薄层表面层金属，使被机械加工堵塞的缺陷重新露出。

后乳化型渗透检测法因乳化剂不同（亲水型、亲油型）而分为亲水型后乳化渗透检测法及亲油型后乳化渗透检测法两种。亲水型后乳化渗透检测法的去除工序操作工艺为：预水洗—施加乳化剂—最终水洗—滴落余水。亲油型后乳化渗透检测法的去除工序操作工艺为：施加乳化剂—水洗—滴落余水。

后乳化型渗透检测法中的乳化工序是关键步骤，应根据具体情况，通过试验确定乳化时间和温度，并严格控制。在保证达到允许的背景条件下，乳化时间应尽量短，防止过乳化。表 4-15 列出了后乳化型荧光渗透检测推荐的渗透时间。

表 4-15　后乳化型荧光渗透检测推荐的渗透时间（温度 16～28℃）

材料	状态	缺陷类型	渗透时间/min
铝、镁	铸件	气孔、裂纹、冷隔	10
	焊接接头	未焊透、气孔、裂纹	10
	各种状态	疲劳裂纹	10
不锈钢	精铸件	裂纹	20
		气孔、冷隔	10
	锻件	裂纹	20
		折叠	10～30
	焊接接头	未焊透、气孔、裂纹	20
	各种状态	疲劳裂纹	20
黄铜、青铜	铸件	裂纹	10
		气孔、冷隔	5
	锻件	裂纹	10
		折叠	5～15
	钎焊焊接接头	裂纹、气孔、折叠	10
	各种状态	疲劳裂纹	10

续表

材料	状态	缺陷类型	渗透时间/min
塑料		裂纹	2
玻璃		裂纹	5
玻璃与金属封严		裂纹	5～60
硬质合金刀头	焊接刀头	未焊透、气孔	5
		磨削裂纹	20
钛和高温合金	各种状态	各种缺陷	20～30

二、后乳化型渗透检测法的优点

① 有较高的检测灵敏度。这是因为渗透剂中不含乳化剂，有利于渗透剂渗入表面开口的缺陷中去。另一方面，渗透剂中染料的浓度高，显示的荧光亮度（或颜色强度）比水洗型渗透剂高，故可发现更细微的缺陷。

② 能检出浅而宽的表面开口缺陷。这是因为在严格控制乳化时间的情况下，已渗入到浅而宽的缺陷中去的渗透剂不被乳化，从而不会被清洗掉。

③ 因渗透剂不含乳化剂，故渗透速度快，渗透时间比水洗型要短。

④ 抗污染能力强，不易受水、酸和铬盐的污染。后乳化型渗透剂中不含乳化剂，不吸收水分，水进入后，将沉于槽底，故水、酸和铬盐对它的污染影响小。

⑤ 重复检验的再现性好。这是因为后乳化型渗透剂不含乳化剂，第一次检验后，残存在缺陷中的渗透剂可以用溶剂或三氯乙烯蒸气清洗掉，因而在第二次检验时，不影响渗透剂的渗入，故缺陷能重复显示。水洗型渗透剂中含有乳化剂，第一次检验后，只能清洗掉渗透剂中的油基部分，乳化剂将残留在缺陷中，妨碍渗透剂的第二次渗入。这也是水洗型渗透检测法再现性差的主要原因。

⑥ 渗透剂不含乳化剂，故温度变化时，不会产生分离、沉淀和凝胶等现象。

三、后乳化型渗透检测法的缺点

① 要进行单独的乳化工序，故操作周期长，检测费用大。

② 必须严格控制乳化时间，才能保证检测灵敏度。

③ 要求工件表面有较低的粗糙度。如工件表面粗糙度较大或工件上存有凹槽、螺纹或拐角、键槽时，渗透剂不易被清洗掉。

④ 大型工件用后乳化型渗透检测法比较困难。

任务实施

一、渗透检测设备及器材

1. 渗透检测剂

渗透剂：后乳化型荧光渗透剂 985P12，溶剂去除型着色渗透剂 DPT-5（低氟、低氯型）。

乳化剂：乳化剂 9PR12。

清洗剂：溶剂清洗剂 DPT-5（低氟、低氯型），20～30℃，0.2～0.3MPa 水。

显像剂：溶剂悬浮型显像剂 DPT-5（低氟、低氯型），干粉型显像剂，氧化镁粉。

2. 检测设备及设施

水源、电源、干燥箱、便携式渗透检测设备、固定式渗透检测设备、喷粉箱、浸槽、黑光灯、黑光辐照计、照度计、铝合金试块（A 型）、镀铬试块（B 型）、电动钢丝刷、钢丝刷、压缩空气、红外线测温仪、角向磨光机、干净不脱毛棉布等。

二、制定工艺

渗透检测工艺卡见表 4-16。

表 4-16 渗透检测工艺卡

工件名称	锻件	规格尺寸	$\phi34mm\times3mm$	热处理状态	—	检测时机	锻造后
被检表面要求	锻造表面	材料牌号	镍基合金	检测部位	所有表面	检测比例	100%
检测方法	ID-a	检测温度	15～50℃	标准试块	B 型	检测方法标准	JB/T 4730.5—2005
观察方式	黑光灯下,目视	渗透剂型号	985P12	乳化剂 型号	9PR12	清洗剂型号	水
显像剂型号	氧化镁粉	渗透时间	≥10min	干燥时间	5～10min	显像时间	≥7min
乳化时间	≤2min	检测设备	黑光灯	黑光辐照度	≥1000μW/cm²	可见光照度	≤20lx
渗透剂施加方法	浸涂	乳化剂施加方法	浸涂	去除方法	喷(水)洗	显像剂施加方法	喷涂(箱)
水洗温度	10～40℃	水压	0.2～0.3MPa	验收标准	JB/T 4730.5—2005	合格级别	I
渗透检测质量评级要求	1. 不允许存在任何裂纹和白点 2. 不允许线性缺陷显示,圆形缺陷显示(评定框尺寸 35mm×100mm)长径 $d\leq1.5mm$,且在评定框内少于或等于 1 个						
备注	1. 渗透检测剂中硫元素含量的质量比不得超过 1% 2. 渗透检测实施前、检测操作方法有误或条件发生变化时,用 B 型试块按工艺进行校验						
编制人及资格				审核人及资格			
日期				日期			

三、操作步骤

(1) 表面准备　喷砂去除氧化皮。

(2) 预清洗　用温水清洗剂将被检面冲洗擦干净。

(3) 干燥　将工件放于干燥箱内进行干燥,干燥时间为 5min,被检面温度不得大于 50℃。

(4) 渗透　采用槽式浸涂,整个工件浸入槽中,使渗透剂将其全部覆盖,渗透时间不应少于 10min。

(5) 滴落　逐个将工件从渗透剂中提起,滴落 1min,滴落过程适当翻动工件。

(6) 预水洗　用水喷法去除被检面多余渗透剂,水压控制在 0.2MPa 左右。预水洗过程中注意转动工件。

(7) 乳化、滴落　采用槽式浸涂乳化。亲水型乳化剂,乳化时间不应大于 2min (含滴落时间)。

(8) 最终水洗　用水喷法去除。冲洗时,水射束与被检面的夹角以 30° 为宜,水温为 10～40℃,如无特殊规定,冲洗装置喷嘴处的水压应不超过 0.34MPa。冲洗时,在黑光灯照射下监控清洗效果。

(9) 干燥　在热空气循环烘干装置中进行,被检面温度不得大于 50℃。干燥时间 5～10min。

(10) 显像　在喷粉箱中进行显像,显像时间不应少于 7min。

(11) 观察　显像剂施加后 7～60min 内进行观察,距黑光灯滤光片 38cm 的工件表面的辐照度大于或等于 1000μW/cm²,暗处白光照度应不大于 20lx,必要时可用 5～10 倍放大镜进行观察。进入暗区，至少经过 3min 的黑暗适应，不能戴对检测有影响的眼镜。

（12）复验　应将被检面彻底清洗，重新进行渗透等检测操作各步骤。检测灵敏度不符合要求、操作方法有误或技术条件改变、合同各方有争议或认为有必要时进行。

（13）后清洗　在水洗涤剂槽中进行后清洗，将被检面的渗透检测剂用水洗净，清洗后应进行干燥处理。

（14）评定与验收　根据缺陷显示尺寸及性质按 JB/T 4730.5—2005 进行等级评定，Ⅰ级合格。

（15）报告　出具报告内容至少包括 JB/T 4730.5—2005 规定的内容。

任务评价

评分标准见表 4-17。

表 4-17　评分标准

序号	考核内容	评分要素	配分	评分标准	扣分	得分
1	准备工作	1. 准备材料、设备及工具 2. 预清理；对灵敏度试块进行清理擦拭，对试件或零件表面进行清理	10	1. 设备、器材准备不齐每少一件扣 2 分，扣完 5 分为止 2. 未进行擦拭和检测部位预处理，检测面未达到要求扣 5 分		
2	确定检测工艺	1. 结合被检工件的检测要求，确定渗透检测方法 2. 根据渗透检测方法选用渗透剂、去除剂、显像剂 3. 根据检测灵敏度要求，选用灵敏度试块	20	1. 标准试块选择错扣 5 分 2. 渗透剂选择错扣 5 分 3. 去除剂选择错扣 5 分 4. 显像剂选择错扣 5 分		
3	渗透检测操作	1. 清洗剂的使用、清洗时机 2. 渗透剂的使用、渗透时机 3. 显像剂的使用、显像时机	30	1. 清洗方法错扣 5 分 2. 清洗时机错扣 5 分 3. 施加渗透剂的方法错扣 5 分 4. 渗透时机错扣 5 分 5. 施加显像剂的方法错扣 5 分 6. 显像时机错扣 5 分		
		显示的观察与记录： 1. 显示的观察应在试件或零件表面上的光照度不小于 1000lx 的条件下进行 2. 能正确地测量显示的尺寸 3. 采用适当的方法做好原始记录	15	1. 未测定光照度，或光照度达不到要求扣 5 分 2. 显示尺寸测量每错 1 处扣 2 分，扣完 5 分为止 3. 缺陷显示记录每错 1 处扣 2 分，扣完 5 分为止		
		缺陷评定与结论： 根据记录的缺陷性质、尺寸大小，对照执行标准的规定进行正确评定	10	质量等级评定错扣 10 分		
		后处理工序： 测试完毕后应将试件或零件表面清理干净	5	未清洗扣 5 分		
4	团队合作能力	能与同学进行合作交流，并解决操作时遇到的问题	10	不能与同学进行合作交流解决操作时遇到的问题扣 10 分		
	合计		100			

综 合 训 练

一、是非题（在题后括号内，正确的画○，错误的画×）

1. 渗透检测适用于表面、近表面缺陷的检测。　　　　　　　　　　　（　　）

2. 渗透检测缺陷显示方式为渗透剂的回渗。　　　　　　　　　　　（　　）

3. 着色渗透检测是利用人眼在强白光下对颜色敏感的特点。（　　）

4. 在外界光源停止照射后，立即停止发光的物质为磷光物质。（　　）

5. 渗透检测中所用的渗透剂都是溶液，显像剂都是悬浮液。（　　）

6. 显像剂显示的缺陷图像尺寸比缺陷真实尺寸要小。（　　）

7. 按多余渗透剂的去除方法渗透剂分为自乳化型、后乳化型与溶剂去除型。（　　）

8. 根据渗透剂所含染料成分，渗透检测剂分为荧光液、着色液、荧光着色液三大类。（　　）

9. 着色渗透剂的颜色一般都选用红色，因为红染料能与显像剂的白色背景形成鲜明对比。（　　）

10. 后乳化型渗透剂是在乳化后再用水去除，它的去除剂就是乳化剂和水。（　　）

11. 检测方法组合符号"ⅡC-d"表示使用溶剂去除型着色渗透剂、溶剂悬浮显像剂的方法。（　　）

12. 对同一检测工件不能混用不同类型的渗透检测剂。（　　）

13. 溶剂有两个主要作用，一是溶解染料，二是起渗透作用。（　　）

14. 喷罐一般由盛装容器和喷射机构两部分组成。（　　）

15. 渗透检测剂喷罐不得放在靠近火源、热源处。（　　）

16. B 型试块和 C 型试块，都可以用来确定渗透液的灵敏度等级。（　　）

17. 试块的主要作用是进行灵敏度试验、工艺性试验和渗透检测系统的比较试验。（　　）

18. 预清洗的目的是为了保证渗透剂能最大限度地渗入工件表面开口缺陷中去。（　　）

19. 渗透检测剂的施加方法可采用喷涂、浸涂、浇涂，但不可采用刷涂的方法。（　　）

20. 渗透时间指施加渗透剂的时间和滴落时间的总和。（　　）

21. 水洗型渗透检测，进行去除工序时，在保证得到合格背景的前提下，水洗时间应越短越好。（　　）

22. 对工件干燥处理时，被检面的温度不得大于 50℃。（　　）

23. 干燥的时机与表面多余渗透剂的清除方法和所使用的显像剂密切相关。（　　）

24. 正确的干燥温度应通过试验确定，干燥时间越长越好。（　　）

25. 显像时间是指从施加显像剂到开始观察的时间。（　　）

26. 显像时间取决于渗透剂和显像剂的种类、大小及被检件的温度。（　　）

27. 显像时间不能太长，显像剂层不能太厚，否则会降低检测灵敏度。（　　）

28. 荧光检测时暗室可见光照度不应超过 20lx。（　　）

29. 后清洗是去除对以后使用或对工件材料有害的残留物。（　　）

30. 水洗型着色法的显像方式有干式、速干式、湿式和自显像等几种。（　　）

31. 铸件表面比较粗糙时，一般采用水洗型渗透检测。（　　）

32. 相关显示是重复性痕迹显示，而非相关显示不是重复性痕迹显示。（　　）

33. 由于工件的结构等原因所引起的显示为虚假显示。（　　）

34. 疲劳裂纹出现在应力集中部位。（　　）

35. 对于缺陷的记录可采用照相、录像和可剥性塑料薄膜等方法记录，同时应用草图标示。（　　）

二、问答题

1. 简述渗透检测基本原理。

2. 渗透检测的优点和局限性是什么？

3. 什么是乳化剂和乳化现象？

4. 显像剂通常的两个基本功能是什么？

5. 什么是光致发光？什么是磷光物质和荧光物质？

6. 渗透剂应具有哪些主要性能？

7. 显像剂应具有哪些主要性能？

8. 什么是去除剂？不同渗透检测方法使用哪些不同的去除剂？

9. 简述使用压力喷罐应注意的事项。

10. 铝合金试块的主要作用是什么？

11. 什么是渗透检测剂系统？对渗透检测剂系统的基本要求是什么？

12. 施加渗透液的基本要求是什么？工件温度和渗透时间对渗透检测有何影响？

13. 检测中常用的干燥方法有几种？

14. 施加显像剂时有何要求？

15. 显像后对观察时机有何要求？

16. 常用的渗透检测方法有几种？

17. 试用框图画出溶剂去除型渗透检测操作程序。

18. 渗透检测方法的选择应考虑哪些因素？试举例说明。

19. 渗透检测时，应如何避免虚假显示的产生？

参 考 文 献

[1] 辽宁省特种设备无损检测人员资格考核委员会. 射线检测 [M]. 沈阳：辽宁大学出版社，2008.

[2] 辽宁省特种设备无损检测人员资格考核委员会. 超声检测 [M]. 沈阳：辽宁大学出版社，2008.

[3] 辽宁省特种设备无损检测人员资格考核委员会. 磁粉检测 [M]. 沈阳：辽宁大学出版社，2008.

[4] 辽宁省特种设备无损检测人员资格考核委员会. 渗透检测 [M]. 沈阳：辽宁大学出版社，2008.

[5] 《国防科技工业无损检测人员资格鉴定与认证培训教材》编审委员会. 射线检测 [M]. 北京：机械工业出版社，2004.

[6] 《国防科技工业无损检测人员资格鉴定与认证培训教材》编审委员会. 超声检测 [M]. 北京：机械工业出版社，2004.

[7] 《国防科技工业无损检测人员资格鉴定与认证培训教材》编审委员会. 磁粉检测 [M]. 北京：机械工业出版社，2004.

[8] 《国防科技工业无损检测人员资格鉴定与认证培训教材》编审委员会. 渗透检测 [M]. 北京：机械工业出版社，2004.

[9] 美国无损检测学会. 美国无损检测手册射线卷 [M]. 上海：世界图书出版公司，1992.

[10] 刘贵民. 无损检测技术 [M]. 北京：国防工业出版社，2005.

[11] 李家伟. 无损检测手册 [M]. 北京：机械工业出版社，2002.

[12] 王俊，徐彦. 承压设备无损检测责任工程师指南 [M]. 沈阳：东北大学出版社，2006.